金塊 文化

金塊 文化

夏日

我最美

美白秘訣 大公開

余秋慧◎著

Contents

不要為了得到想要的，而失去最珍貴的

現代的美容法，不論是保養品或是各種讓自己能更美的「手段」，比起自1989年剛進入美容界時，變得既「科學」又「有效率」，本來應是循序漸進的皮膚保養方式，現在顯得「笨」且「慢」；以前似乎是神話般的速效美容方式，現在變得稀鬆平常，在意門面的美女們，只要花費幾天午休的時間，無論是皺紋、斑點、青春痘……，只要有症狀，一定有解藥。

生技美容的進步、醫學美容技術的提昇、現代女性意識的抬頭等，都是推動美容產業進步的功臣，只是提醒各路美女們，皮膚的「好」與「壞」，並不是短時間內造成的，有時只是源自於一個「正確」或是「錯誤」的習慣，然而你用一個較為「激烈」的手段，把皮膚由「壞」轉「好」，並非不可行，只是妳得將造成這個皮膚問題的「根源」也一併去除，否則同樣的皮膚問題，假以時日還是會悄悄地浮上來！

之前有積極找尋投資目標的大老闆問：「依妳看，最有『效果』的保養品、保養方式是什麼？」因為向來市場上均認為「小孩與女人的錢最好賺」嘛，我很「真心」的回答：「做好清潔工作，長期持續正確的保養，效果最好、最持久……」語畢，感覺像是沒講一樣！

大家都想聽到「某一個療程」、「某一項商品」就是美容仙丹、

熱門商品，只要試一下，馬上就會看到成果，但是這哪有可能？細胞新陳代謝也需要時間呢！如果真能立即見效，請問接下來的後果是？？？

　　君不見近來的新聞揭露：原本用來「除皺」的「致命毒素」肉毒桿菌，可能衍生更多其他的皺紋？把打雷射當成「保養」的美女們，皮膚薄到見不得光、稍微日照就變「蘋果臉」，或是斑點反彈之後變得更多。

　　據研究，靠外在的微整型來維持年輕貌美的女性，在停止施作時，老化的速度將比一般女性快！例如在四十歲時，施作微整型讓自己外在看起來像三十歲，若持續到五十歲時停止「施工」，皮膚狀態會快速老化至如同六十歲！不信可翻翻國內外明星的報導和照片，這是妳要的結果嗎？

　　無論皮膚保養、運動或是作學問，其實都是靠長期且正確的努力，沒有哪一種運動可以讓妳在短時間內馬上變健康、變苗條；學問也是要從小學打基礎、經歷中學、大學乃至於研究所，不斷的累積、學習而成，絕沒有一步登天之道。因為秉持這種信念，所以在書中所述，均是提供正確、能長期操作的保養方式與知識，對於希望能採用溫和、漸進式保養法的知性美女們，能有一點貢獻。

　　皮膚的破壞只要一下子，但卻要花很久的時間來修復，水水們，千萬不要為了擁有白皙肌膚、曼妙身材，而犧牲掉健康的肌膚與身體；不要為了得到想要的，而失去最珍貴的！

余秋慧

「**陽**光、空氣、水」是人類賴以生存的三大要素，也是塑造夏季美人的重要因素。

提到「夏季的美容法」，大家一定不免想到太陽中含的紫外線對皮膚的傷害，各式各樣的「防曬」用品，讓我們對陽光避之惟恐不及，雖然在本書中也一再呼籲防曬的重要性，但並不代表我們必須「遠離太陽」，而是應該知道「如何接近太陽」比較安全，我們怎可能把生命來源的陽光完全撇掉呢？

記得小時候最喜歡剛曬完太陽的棉被和衣服，有一股不知如何形容的味道，感覺好溫暖、好舒服、好乾淨。現代人易過敏，而過敏原中最常見的「塵蟎」，很多躲在我們的寢具，如棉被、枕頭裡，防蟎抗菌的材質那麼多，但效果卻比不上曬個幾小時的太陽。

現居水泥森林裡的都市人，有時根本不知「陽光」是怎麼一回事，衣服有24小時的清洗烘乾店、照射不到太陽的房子有「除濕機」和各式的照明設備，看起來好像不再需要依賴太陽才能生活，況且生活步調那麼快、房價那麼貴，哪有時間和空間曬衣服、曬棉被呢？再加上有些人「晝伏夜出」，一年到頭幾乎完全見不到太陽，雖然皮膚白皙，但卻弱不禁風。

人們避免曬太陽，雖能免除紫外線的傷害，但某個程度也會影響到人體的健康和對疾病的抵抗力；適當的日照可以讓鈣質轉化為維他命D，才能確保骨骼和牙齒的健康，而有良好的骨架才能讓我們維持優美的體態，所以，水水們可不能為了怕曬黑等外貌因素而完全不接觸太陽哦！

　　空氣中最重要的「氧氣」，是讓我們思緒清晰、頭腦靈活、保持肌膚年輕的重要物質，但身處在密閉循環的空調環境中，這珍貴的資源卻顯得如此稀少。所以，當你哈欠連連、頭昏腦脹、思路打結時，不妨推開窗戶讓室內空氣和外界「交換」一下，因為氧氣充足可是美白、抗老化的秘訣呢！此外，假日睡飽飽，再到充滿綠意的郊外走走，效果也比一次要價數千元的氧氣療法好得多。

　　「人是水做的」，這從水分佔了人體的70％可證明。而既是水，就有「流動」的特質，我們不但要足量補充水分，更要讓它能流動、代謝，才能循環不息，人體的廢物也才不容易堆積，皮膚自然水嫩有光澤，這也不是所費不貲的化妝水、保濕精華液可以取代的唷！

　　美麗的肌膚本來就源自於健康的身體，而要擁有健康的身體沒有秘訣，就是「均衡」的飲食、作息與生活方式，這種很自然、很單純的步調，到了現在卻變成了「神話」，大家只管「逐末」──要擦什麼保養品有效？什麼保健食品像是仙丹？反而在皮膚出現了瑕疵時，全然不去反省它為何發生，只想：反正美容師、醫師、商人總有辦法把它袪除。

　　在「很自然」和「很不自然」之間，本書提供了一個橋樑，希望妳能花點時間了解自己的皮膚和保養方式，不要再把陽光視為仇敵，也不要把美麗的肌膚建立在妳不怎麼了解的瓶瓶罐罐上；皮膚出現了問題，應該從檢視自己的生活習慣開始，不必要再塗抹更多的東西或做更多的療程，以免造成皮膚更大的負擔。

　　夏季，豔陽，希望妳能用一顆清爽的心來面對！

全方位美白

- 時時寶貝你的肌膚
- 日間防曬
- 夜間美白

一、時時寶貝你的肌膚

美白最好來全套？那可不一定！

　　夏天太陽毒辣辣，水水們不必提醒也知道要做防曬和美白，但要怎麼做才正確呢？在注意日間防曬的同時，夜間的美白護理很容易被忽視，其實兩者相輔相成，缺一不可。

　　日間的美白護理主要以防曬為主，但是在塗抹隔離防曬之前的保養品，可是要很注意的唷！不一定非得要塗抹全套都含美白成分的保養品，這一個觀念很重要，因為有些美白的產品對紫外線沒有抵抗力，而且容易在高溫的環境之下「變質」，比如左旋C類的精華液，有些較不穩定、易氧化而變黃，就不適合在白天使用，雖然不會產生什麼反效果，但會造成「浪費」；而熊果素、維他命A酸等對陽光容易起反應，水水們應該避免在白天使用。

　　皮膚在夜間進行美白保養是最理想的，最主要是夜間少了紫外線的作用，加上皮膚經過徹底的清潔後，更容易吸收保養品；另一方面，洗了個香噴噴的好澡後，心情和身體都得到了最大的放鬆和舒緩，此時是對皮膚進行美白修復的最佳時機。

　　在清潔、爽膚之後，使用含有維他命C及其他美白成分的修護、滋

潤產品，可有效抑制臉部的黑色素生成，並協助黑色素的代謝。

過度洗臉、去油，會對肌膚造成傷害

由於年輕時代謝旺盛，許多水水的皮膚在夏天很容易「油油亮亮、閃閃動人」，通常我們都希望臉部維持「無油」的潔淨感，所以只要有一點點的出油，就展開行動——拚命洗臉、一直使用吸油面紙、猛塗抑油的產品，希望藉此脫離「油妹妹」、「痘花妹」一族！

但許多水水們發現：洗完臉之後，臉部清爽的感覺只維持了一下下的時間，接下來，皮膚不但感覺愈來愈乾燥，而且變得更容易出油了！那ㄟ按捏？

水水們，妳知道嗎？皮脂膜是用來保護皮膚的唷！妳一直洗掉它，皮膚將會分泌更多的油脂來重建皮脂膜。所以一天不要洗臉太多次，而且不要每次都使用卸妝產品，以免過度去油；況且卸妝產品中多含有界面活性劑等化

學成份，雖能帶走污垢，但多少對皮膚也會造成傷害。

最後提醒水水們，在洗完臉時，記得擦上化妝水、保濕乳液或凝膠，以維持皮脂膜的平衡。千萬別「貪戀」這種臉上無油的清潔感，頂多十幾分鐘後，毛孔分泌出來的皮脂，又會讓妳滿臉黏膩了。

防止皮膚油油亮亮的好方法就是「保濕」

皮膚是一個「排泄器官」，它排出油份是因為身體的正常代謝，如果長久地抑制它排除油份，皮膚可能會產生不良的反應。而吸油面紙是一個「治標」的好辦法，只要不過度用力擦拭、不過敏，就都可以安心使用。一來是排除的油脂不會停留在臉上作怪，皮膚表皮還是可以維持清爽潔淨；二來是不抑制毛孔的排油，比較不會傷害皮膚。

防止皮膚油油亮亮的方法之一就是「保濕」，皮膚在油水平衡時，才會有健康的光澤，如果洗臉過勤，則會破壞皮脂膜，當然也就破壞油水平衡。

治本的方式就是注意飲食與作息，因為皮膚是身體的外在呈現，如果皮膚已經很容易出油，還吃進大量油脂或刺激性食物，例如油炸類食品、咖啡、濃茶、辛辣調味品等，將會促使毛孔排出更多的油脂。

另外，建議水水們洗臉要用溫和的產品，意即鹼性不要太強，才比較不會傷害皮脂膜，抑油的產品除了特殊時刻，例如婚禮等怕出油脫妝的重要場合，請勿當做一般保養品長期使用唷！

二、日間防曬

◎紫外線無所不在，即使在室內也要防曬

　　夏季紫外線的量是冬季的一倍之多，所以防曬在夏季就顯得格外重要；而一天當中的紫外線量，也會隨著日出到日落而有所變化。一般而言，以上午十點到下午兩點的紫外線最強。而穿過玻璃後的紫外線，UV-B波只剩下十分之一左右，但是UV-A絲毫未減，所以坐在窗邊仍要小心，因為UV-A具有穿透玻璃的力量，所以，即使在室內沒有小心防曬，也是有曬黑的可能。

　　年輕時，新陳代謝比較活潑，所以即使曬黑了，幾天後就會白回來。然而，女性從20歲左右開始，身體的各項成長逐漸地趨緩，也就是說：老化

的現象開始出現啦，甚至有人「未老先衰」，不到25歲就已經長出一條條的皺紋，好在初期的皺紋大多是「假性」的淺紋，也就是可以經由正確的保養來改善，甚至於消除。水水們要特別注意的是：雖然表皮看起來沒有什麼變化，但其實深層的變化已經開始，紫外線會加速肌膚的老化速度，如果再不保養，任其曝曬在紫外線之下，即使表皮可以恢復白皙，但是深層的破壞——膠原蛋白、彈力纖維的結構——已經日益累積，老化也將隨之而來。

水水看這邊

老化皮膚呈現的症狀

1.細紋、皺紋的產生。
2.皮膚產生斑點、不易自行褪除。
3.皮膚結構改變，皮溝、皮丘變明顯。
4.皮膚缺乏張力。
5.皮膚呈現乾燥、缺水現象。
6.毛孔變大。

　　黑色素存在人體皮膚中，主要的作用是保護皮膚，當紫外線照射到皮膚時，黑色素細胞中的酪氨酵素（酪氨酸酶）就會被啟動，於是刺激酪氨酸轉化為黑色素，以抵禦紫外線對皮膚的傷害。

　　日曬過度會使皮膚泛紅、引起水腫、發炎、肌膚乾燥等，這些都

是UV-B的作用。一般防曬產品所標示的SPF（Sun Protection Factor）就是其阻隔UV-B的功能高低。事實上，使肌膚黝黑、失去彈性、引起皺紋和鬆弛的UV-A，造成的傷害比UV-B更大；所以，現在的防曬用品上除了標示SPF值之外，還同時標示有「PA＋」，就是防止UV-A的意思。所以選擇防曬用品時，不僅要注意SPF，還要檢視一下PA值。

　　而什麼是「PA值」？PA值是日本化妝品聯業工會所公佈的UV-A防止效果測定法標準，可分為PA＋、PA＋＋與PA＋＋＋三級，「＋」號越多表示保護的指數越高。說明如下：

　　PA＋：輕度防護，有效防護時間為2～4個小時。

　　PA＋＋：中度防護，有效防護時間為4～8小時。

　　PA＋＋＋：高度防護，有效防護時間為8小時以上。

　　而除了UV-A、UV-B，對肌膚傷害最大的UV-C大多都被臭氧層吸收了，可是在臭氧層被嚴重破壞的現今，UV-C的問題也不能輕忽大意。因為化妝品上普遍缺乏防UV-C的能力，也就是我們的皮膚對破壞性最強的紫外線毫無招架之力。所以，外出時還是盡可能撐洋傘或戴帽子，如果要做日光浴，也千萬別裸露皮膚直接照射，更不要選擇早上十點到下午兩點的「烈日當空」時段，而且要先塗上適合的防曬產品，才能保護肌膚不被曬傷。

防曬小技巧

出門前20分鐘擦上防曬產品，騎車或坐公車時加一件小外套做物理性的防曬；外出時撐洋傘或戴茶色、灰色太陽眼鏡，除了防曬，亦可保護眼睛唷！

防曬品中所謂的SPF值的高低，是指到曬黑之前的時間長短。但是SPF的作用並不能累計或加乘，也就是說，先擦SPF15的防曬用品，再搭配上SPF20的粉底，整體指數也只有SPF20，不會變成SPF35。水水們，與其一直擦SPF值高的防曬用品，不如在流汗後重新塗抹，效果會比較好喔！

日常生活使用的隔離UV化妝品，SPF值在8～20都是可以被接受的，PA值「＋」也就可以了。選用SPF值高的產品，可能會因為內含的紫外線吸收劑，反而造成肌膚過敏，因此以使用的目的來區隔防曬產品，可以減少肌膚的負擔；而PA值則是以三階段達到防止A波的效果，但它多半混入隔離B波的化妝品內使用。

紫外線是導致皮膚老化的外在主要因素

老化並不是指背駝了、眼花了、齒落了、頭禿了……，才算是真正的老化，更不是某個年齡以上的「專利」，只要皮膚出現了結構性老

化的現象，那就要開始注意和加強保養了。

　　這些現象包括：表皮天然保濕因子流失，常常顯得乾燥、角質層增厚，觸感不滑順、黑色素增加致使臉部看起來斑斑點點，曬了太陽後白回來的速度變慢了，膚色黯沈、真皮層張力下降、自體玻尿酸減少、彈力纖維及膠原纖維構成的網狀層變性（張力及彈性喪失、變得脆弱易斷）、肌膚膠原蛋白質含量降低、皮膚不平滑甚至有不明原因的凹凸不平、皺紋及鬆弛增加、皮脂腺分泌較少、皮脂膜保護功能降低、皮膚自覺的保護功能與保水能力愈來愈差。雖然老化的速度因人而異，也不一定年齡到了就會變老，但老化出現的過程基本上是相似的。

　　由於紫外線照射是導致皮膚老化的外在主要因素，因此，防曬在預防皮膚老化的保養上是相當重要的環節。水水們，皮膚還沒被破壞前，應該盡力預防保護，清潔、保濕、防曬、修護，樣樣不可少；已經造成的老化則須「亡羊補牢」，以免老化的「災情」持續擴大唷！

流汗、用量不足都會影響防曬品的防曬能力

防曬可不是塗了就「絕對」有效，仍有以下的變數會造成防曬產品的流失，水水們請注意囉：

1.超過保護時間：照射陽光後，防曬產品的防曬能力是否會減弱呢？其實只要在SPF值保護的時間範圍之內，都一樣「有效」。防曬品的防曬力是不會減弱的，會失去防護的功效是因為流汗或接觸水被洗掉，不在於照射陽光久了會失效。

2.流汗後的擦拭：流汗除了會直接流失掉防曬品外，影響更大的是用毛巾或面紙擦汗，汗水被擦掉時防曬品也被一併帶走，此時若還會繼續接觸紫外線，必須再補擦防曬品。

3.是否有碰到水：雖然很多防曬品都有耐水或防水的設計，但其實功效性都有限，但這些標示往往會讓消費者誤以為得到有效的保護而失去戒心，導致在陽光下曝曬過久。所以從事戶外戲水活動時，最好每兩小時補擦防曬品一次。

4.用量是否足夠：一般防曬品在皮膚有效的作用量為2mg/cm^2，但在此用量之下，不管是物理或化學防曬品，都會讓水水們看起來皮膚上有白白的一層，為了均勻起見，我們都會盡量把它推開，但是太薄的結果就是防曬、保護的效果減低了，因此，水水們在外觀還可以被接受的範圍之下，可以適當塗抹得「厚」一些，或是使用較高系數的防曬品。

只擦防曬產品、不上彩妝，還是要卸妝喔！

防曬產品的成份不管多天然，都還是含有化學物質，例如為了提高防水能力而添加的防水性材料，水水們用一般的洗面乳是很難將防曬品完全洗乾淨的，因此還是需要用清潔力較洗面乳強的卸妝產品來輔助清潔，但必須要注意，勿清潔過度而破壞皮脂膜，致使皮膚失去保護而變得脆弱。

「物理性」防曬比「化學性」防曬安全

看了那麼多「批評」紫外線的內容，「防曬」似乎變成了保養的焦點，然而防曬品真的那麼萬能嗎？會不會對人體或皮膚造成什麼副作

用或是傷害呢？水水們應該很想知道防曬品的作用原理吧？

防曬分為「物理性」與「化學性」二種，對皮膚比較安全的是物理性防曬。

物理性防曬的原理就好像是在臉皮撐了一把洋傘或是拉了一道窗簾，將紫外線隔離在外，主要成分則是二氧化鈦、氧化鋅等，成份的安定性高，正常情況下能長時間防曬，但因分子較大，易阻塞毛孔，若成份的精緻度不夠，塗抹起來會讓膚色顯得很不自然；由於是內含粉末，所以中乾性肌膚用起來會覺得較乾推不動，這是這類產品的缺點。

化學性防曬品加的是紫外線吸收劑，須注意的是光敏感、光毒性、刺激性及致癌的可能性，根據醫學研究發現：紫外線吸收劑可能會影響乳癌細胞的增殖、子宮肥大、影響男性賀爾蒙分泌等，不得不提醒水水們還是須慎選、慎用。

看起來沒有曬黑，不代表皮膚沒有「內傷」喔！

有些麗質天生的白雪公主們由於怎麼曬都不會黑，所以根本不需要防曬，對嗎？錯了！防曬不是用來防「曬黑」而已，重點是防止皮膚受到紫外線的傷害。

天生膚色白皙的水水們，是因為表皮中所含的黑色素量較少，優點是白白的怎麼看都漂亮，但缺點是用來抵禦紫外線入侵的能力相對較弱。經過陽光的照射後，雖然看起來並沒有曬黑，但不代表皮膚沒有「內傷」喔！皮膚白皙的美女，如果長期忽視防曬所累積的紫外線傷害，後果一點都不輸給膚色較黑的水水們，未來出現黑斑、皺紋、皮膚癌的機率可是比一般人高出許多唷！

洋傘＋防曬品，多一層保護，多一分安心

都已經撐傘了，還要擦防曬產品嗎？
答案是：當然要！

抗UV的洋傘確實可以有效阻隔紫外線，但是它只能阻隔「直射」的紫外線，對於來自地面「反射」、玻璃「折射」的紫外線就擋不掉啦，水水們還是要乖乖的塗上防曬產品，才能有效隔離來自四面八方的紫外線。

反之，在塗抹了防曬品之後外出就不必撐傘嗎？還是要啦，多一層保護，總是能多一分安心。

感光蔬菜，日曬前吃不得

芹菜、韭菜、芫荽（香菜）、九層塔等屬於感光蔬菜，最好是在晚餐時食用，吃多了、或是在日曬前吃，皮膚經紫外線照射後易產生斑點。而如果你的皮膚比較容易色素沈澱，最好少吃這類容易感光的蔬菜，而且白天日曬前，勿吃！

白皙美人防曬教戰守則

1.清晨起床後，確實做好清潔及保養工作，並補充適合的保養品及防曬品。

2.外出時，應阻絕任何紫外線可能入侵的機會，並避免在上午十時至下午二時這時段出門，因為紫外線照射最強烈。下午三時過後，或是待陽光柔和一些時，才適合戶外活動的進行。

3.在室內，應保持燈源與身體的適當距離。另外，不要忽略由窗外透進來的陽光對皮膚可能造成的傷害。

4.在夏季，防曬品很容易因為流汗而脫落或是擦汗時一併拭去，應視情況適時補充適量的防曬品，如山上的陽光較強、空氣較為稀薄，紫外線照射量比平地高，要特別留意防曬工作，並徹底執行。

　　5.將防曬變成日常保養的習慣，並隨著不同的活動、地點，選擇不同防曬係數的防曬品。

　　6.只有使用隔離霜時，也盡量選擇有添加防曬效果的產品。

　　7.飲食、作息、運動都要均衡，才能白得健康、白得亮麗。

三、夜間美白

身心俱疲嗎？給臉部來個精油SPA

　　忙了一整天，水水們用什麼來犒賞自己呢？只要一盆熱水加上幾滴精油，就可以讓妳暫別壓力和疲勞，享受豪華的美容中心才有的精油SPA喔！

　　在一盆熱水中（溫度不妨高一點才能產生蒸氣），加入幾滴妳所喜愛的精油，攪拌均勻後，先用冒出來的熱蒸汽蒸臉（為防止蒸汽逸散，可以用大浴巾把頭蓋在裡面，但三不五時要記得掀開來呼吸一下嘿！），除了放鬆肌膚、解除疲勞，還可以讓心情得到平衡。

　　待水溫降低後，可以閉氣，將臉浸到水中，重覆數次之後，再將水潑洗在臉上，就像是洗完臉後在清潔泡沫一般。最後，用毛巾拭乾水份，妳將會感到十分的放鬆和舒服呢！

讓妳既放鬆又美麗的精油配方

皮膚乾燥脫皮：玫瑰＋檀香木＋洋甘菊精油

缺水、皺紋皮膚：玫瑰＋橙花＋茉莉精油

油性缺水肌膚：天竺葵＋薰衣草＋依蘭精油

面皰粉刺肌膚：天竺葵＋薄荷＋尤加利＋乳香精油

　　至於比例多少？一般而言每一種精油3～5滴就能讓水水們覺得舒適了，水水們亦可以依據自己的喜好增減。

　　另外，提醒水水們要使用「真正」的精油喔，如果是「香精」就完全沒有效果，吸多了對人體不但沒有幫助反而有害，因為香精是化學合成品，只有味道沒有功效。（其他的精油請參考本書P.71）

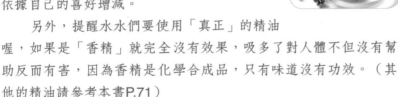

含感光成分美白產品最好在夜間使用

　　維他命C接觸氧氣會產生氧化作用，所以C類產品的顏色就會從透明無色或乳白色，慢慢變成黃色、深褐色，而變色代表產品已失去了美白還原的效果；有些改良後的產品（比如相關的衍生產品），白天是可以使用的，但如果沒有做好防曬，除了會降低左旋C的活性外，美白的效果也會大打折扣。而熊果素、A酸、果酸、麴酸等美白成份具有感光

性，所以較適合晚上使用，但如果水水們的商品有說明白天可以使用者，便不受此限。

如何美白最有效？正確時間＋正確產品＋正確的保養方式

在正確的時間、選用正確的產品、使用正確的方式進行保養，才有可能會呈現出最好的功效。如果在錯誤的時間使用，例如在白天使用油性滋養晚霜，或是使用應避光的產品，那接下來的一切努力都是徒勞無功，甚至於會產生反效果。

如果在正確的時間、選用正確的產品，但卻使用不正確的方式進行保養，當然會減低保養的成效，甚至會造成皮膚傷害，比如在洗臉時用柔珠去角質（時間和產品對了），但因為力道下得太重，反而會損傷表皮；再者，如果在正確的時間、使用正確的方式進行保養，但卻選用了錯誤的保養品，那無論怎麼使用還是無法達到水水們想要的效果。所以，與其要問「如何美白最有效」？不如檢視妳的使用時間、產品、方式是否都正確唷！

使用保養品的順序

　　無論妳使用的保養品是精華液、乳液、霜、露，都要以「分子量的大小為依據」來決定使用順序，可不是看「品名」或「功能」。

　　例如保濕產品的成份中，「玻尿酸」的分子量大，「甘油」及一些天然保濕成份的分子量相對而言比較小，只要是分子比玻尿酸小的，都必須在保濕前擦拭。因為玻尿酸的大分子會將皮膚的通道堵住，這樣一來，後面再擦上的保養品效果將會大打折扣！

盛夏來臨，精華液的使用方法要跟著換季

　　準備好迎接盛夏來臨了嗎？

　　一般而言，夏天是基礎保養品的淡季，也是各種機能性保養品的旺季，因為高溫的黏膩讓人感覺只想把臉洗乾淨就好，不想再塗抹太多的保養品，所以基礎保養就不若冬季勤於使用；但同時又怕皮膚會曬黑，於是選擇性的使用各種特殊功效的產品。

　　現在的水水們為了保持青春不老容顏，化妝台上的精華液瓶瓶罐罐，每一瓶的功效都不一樣，使用的先後順序到底該怎麼決定呢？在夏天要不要調整精華液的使用方法？當然要，使用要訣如下：

1.濃稠度：比較清爽的在白天使用，比較濃稠的在晚上使用，以免影響上妝的均勻度；較清爽的適合在夏季使用，較濃稠的儘量在秋冬使用。

2.成份：美白產品儘量不要在白天使用，在晚上淨膚後再使用；夏季使用防禦型美白，輔以淡化代謝作用的美白，冬季則選擇淡化代謝為主的美白產品。

3.臉部分區使用：T字部位、容易長痘痘的區域，不論什麼季節均須使用抗痘鎮定配方的精華液；臉頰較乾可使用保濕精華液；美白類精華液可以使用在長斑、黯沉或是有痘疤的部位；抗皺產品可以用在頸部、眼周及細紋比較多的部位，但年輕的水水們不要太早使用老化肌膚使用的成份，在選用時也要把適用年齡考慮進去喔！

4.急迫性：想要立即改善的肌膚問題的精華液先使用。例如：現在最在意痘痘及痘疤的改善，可先使用抗痘產品一段時間後再使用美白類精華液；若是現在必須馬上改善黯沉及乾燥肌膚的問題，可先用一段時間的美白精華液。若非真的必要，並不建議臉部一次使用二種以上的精華液。

5.季節：冬天可用保濕、美白產品做加強；夏天可用抗痘、消炎鎮靜系列產品加強。

全身美白SPA

臉白了，那身體呢？隨著心情，選用精油泡澡，不但可以舒解壓力，享受奢華的貴妃出浴，也可以讓妳全身的肌膚白皙光滑唷！步驟如下：

1.在八分滿的浴缸中滴進幾滴純精油，不需要再加其他東西。有的水水會再加入牛奶、蜂蜜等，其實那麼大一缸水，要加到「有效濃度」可能會讓妳的荷包大失血，最聰明有效的方式是將牛奶、蜂蜜等做體敷，就像敷臉一樣敷在身體上。

2.泡半身浴即可，盡量不要高於胸口的心臟部位，因為水溫和水壓的影響，很多人泡到胸口處會有喘不過氣來的感覺。

3.泡完後，可再用稍涼的水沖一下身體，這可以讓你身體的皮膚更緊實，也更加強血液循環。

關於精油的功效與選擇，請參照本書P.71。

第二篇

美白殺手

- 太陽是美白的頭號殺手？
  - 鎮靜
  - 保濕
  - 抗氧化

一、太陽是美白的頭號殺手？

正常情況下，過量的黑色素會正常分解

想關心「夏季保養」，無非希望知道如何保持肌膚白淨，不因季節轉變而起變化。

黑色素的生成，是源自於酪胺酸酶引發一連串的生成反應，刺激黑色素母細胞分泌黑色素，導致膚色變黑。水水們其實還忽略了一點，不只是長時間日曬才會造成肌膚問題的喔，縱使僅有短暫的紫外線照射，也是會造成皮膚發炎、氧化反應，讓皮膚出現局部發紅、發熱、搔癢等症狀，也會直接刺激黑色素母細胞，加速黑色素的生成，再加上曬後沒有特別「調理」，於是產生了色素沈澱，也就是臉部始終斑斑點點難以淨白的主要原因。有些人不禁戲言：「只要『被太陽看見』，就變黑了……」

正常情況下，由於皮膚的新陳代謝功能，過量的黑色素在皮膚中會正常分解，是不會影響膚色的。但如果在短時間內被紫外線過度曝曬，黑色素無法藉由肌膚代謝而排出表層外，就會從基底層慢慢往上推移，並沈澱在皮膚表皮層內。如果是均勻沈澱的話，膚色就會全部變黑，日光浴會使皮膚呈現出褐色就是這個道理，但如果是局部沈澱的話，就會形成斑點。

想讓肌膚白白淨淨，注意紅（發炎）、黃（缺氧）、黑（黯沈）

　　一般因日曬引發的肌膚問題，分為下列幾種：

　　1.**紅（發炎）**：當皮膚經過紫外線刺激之後，會啟動細胞的激素，引起發炎現象。發炎時，由於血管擴張、充血，局部膚色就出現了泛紅的現象。所以曬過太陽後，兩頰紅通通的蘋果臉，雖然看似可愛，但這可是皮膚發炎的警訊唷。由於皮膚在發炎後，容易加速黑色素的生成，所以日曬後的保養，決定了肌膚白回來的速度。

　　此外，日曬後的肌膚不穩定，會刺激青春痘的發生，並容易使痘痘留下色素沈澱型的疤痕，這也是讓水水們的臉看起來花花的、不「清幽」的原因之一。

　　2.**黃（缺氧）**：當皮膚接受紫外線的荼毒之後，水水們的「冰肌玉膚」就容易在油脂分泌較為旺盛的 T 字部位及下巴呈現蠟黃、黯沉的膚色，這是怎麼啦？不均

匀的膚色比全臉曬黑還更可怕呀！

　　這主要是因為日曬後產生的「自由基」和「活性氧」，產生的氧化還原作用不佳所導致。另外，平常活動量小、對陽光避之危恐不及的「溫室美女」，由於缺乏新鮮的氧氣、肺活量小，加上不良的生活習慣等，也是肌膚蠟黃的主要原因。

　　3.黑（黯沈）：紫外線會直接造成黑色素的生成、氧化作用所產生的過氧化物質、發炎反應中的細胞激素等，都是直接刺激黑色素細胞、加速黑色素的產生、使得肌膚變黑的原因，在不斷有刺激原的情況之下，肌膚會有紅（發炎）、黃（缺氧）、黑（黯沈）相互交替的色素沉澱現象，臉部當然就無法白白淨淨了。

　　水水們由上述便可知白雪公主的頭號敵人——紫外線，只要一有機會，它便會對皮膚產生各種傷害。短時間的照射即可能造成皮膚初期的發炎、氧化反應，也會致使黑色素母細胞產生黑色素；長時間的照射除了黑色素產生外，亦會造成皮膚的老化與皺紋。

　　因此，想要讓皮膚徹底的白白淨淨，就必須同時注意到皮膚的各項反應，包括紅（發炎）、黃（缺氧）、黑（黯沈），並預防及抑制黑色素的生成，選用適合的產品和進行正確的保養，才能達到真正的美白。

二、鎮靜

肌膚受傷四階段：變熱、轉紅、刺痛、脫皮

1.肌膚變熱：水水們，這已經是輕度曬傷的警訊，但由於搞不清楚是因為天氣熱導致身體熱？還是被太陽曬所致，所以很容易被忽視，這時皮膚已經受到輕微的刺激，如果你皮膚本身的抵抗力比較好，那問題還不大；但是，如果你的皮膚本身比較脆弱，那麼很可能會引發更多問題，敏感皮膚會被激發過敏症狀，而痘痘皮膚可能被誘發長出更多的痘痘。

對付這種經常發生的輕度曬傷，必須每當臉孔發熱時，就馬上冷卻臉部，即使臉上有彩妝，也要想辦法利用冰涼的毛巾或噴霧來降溫。

2.肌膚由熱轉紅：曬後的皮膚，從熱熱的、變成紅紅的，這是因為皮膚接受日曬之後，有一類的水水皮膚是先被曬紅，隨後轉黑；另一類的水水是皮膚一曬就紅，卻永遠也曬不黑，只會越曬越紅。實際上是前者的肌膚表現比較健康，因為她們皮膚內的黑色素比較多，而黑色素的分泌就是為了保護皮膚，是皮膚的自我保護機制，這也是白種人較黃種人、黑種人更容易得皮膚癌的原因。

在肌膚的調理方面，這時候的傷害可以用「敷面」來協助修護，

先使被刺激的皮膚鎮定下來，等到熱、紅的狀態受到控制後，再使用美白面膜和修護類的精華液來協助皮膚的恢復，當然，日間外出時還是別忘了擦上防曬霜。

3.**肌膚感覺刺痛**：肌膚曬後除了熱、紅的外顯狀態，還會有微微刺痛的感覺，並常伴隨著缺水的緊繃感，肉眼觀看並沒有實際的傷口，但確實會讓人感覺不舒服。其實，此時的皮膚很可能已出現細小的皸裂，也就是你的表皮已經受到了一定程度的破壞，這時的修護就不能再隨便使用產品了。

此時，水水們只要做基本清潔、保濕，最後塗抹防曬霜就可以了。應避免化妝及各種刺激性較強的保養品，含有酒精及果酸等成份者更應完全避免，才不會對皮膚過度刺激。市面上有特別為曬後肌膚修護的保養品，這些產品類似於敏感性肌膚專用的產品，往往是透明無色或是凝膠狀，成分組成較為單純，能夠鎮定安撫這個階段的肌膚。

4.**脫皮**：這屬於嚴重型的曬傷，但實務上的情況一般還分為曬後馬上脫皮，及經歷了發熱、發紅、刺痛的過程後，才開始脫皮。會脫皮是因為皮膚已經真正受傷，如果妳還忽略它的話，恢復期將會很長。

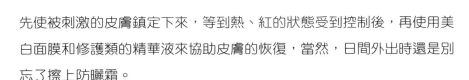

濕敷面膜DIY，簡單、省錢又有效

皮膚這麼嚴重的曬傷，水水們該如何來護理呢？

最安全的方式就是比照「嚴重敏感肌膚」一樣來保養。進行濕敷是最好、刺激性最小的方式，水水們可以準備一些面膜紙，數張疊成一

塊厚厚的敷面濕敷墊，吸飽大量的RO水或礦泉水濕敷在臉上。記得，千萬不要用其他的化妝水或未經煮沸的自來水取代唷。

在敷面的過程中，只要有點乾掉了，就不斷再加水，保持濕敷墊的濕潤度。每次敷個15～20分鐘，至少早晚各一次，其間若臉部覺得又開始熱了、刺痛了、乾燥了，就可以再敷。當然體內水份的補充也很重要，多喝水將有助於細胞水份的補充。

這個簡單又省錢的方式，對於皮脂膜的修護和發炎的舒緩還蠻有效的唷！

 水水看這邊

用冰飲料罐取代冰塊和冰毛巾

冰敷是對肌膚很好的鎮靜方式，但有時人在外面根本沒有毛巾，更別說是冰塊，而且冰塊溶解的時候會滴水，弄得到處濕答答，很麻煩的！這時，三步一小間的便利商店，可就是妳的急救站啦。

隨手買瓶鋁罐或是鐵罐的冰涼飲料，用水沖乾淨、擦乾瓶身之後，妳就可以馬上以此代替冰毛巾進行冰敷。哇，肌膚馬上降溫，頓時暑氣全消囉！

三、保濕

天然保濕因子功能受損，皮膚就會失去光澤、產生細紋

皮膚要維持正常、健康的狀態，良好的保濕工作不能忽視！

保濕，到底多少水才算是夠了？市面上保濕的保養品多如牛毛，是要補水？還是要補油？到底補什麼？要怎麼做才能既安全又有效果呢？要如何選擇適合自己的商品呢？

理想皮膚的角質含水量約為20~30%之間，不過若是受到傷害的皮膚，像是進行雷射、換膚療程後，皮膚保水的能力會受到影響，必須要想辦法提高皮膚的濕度，並且使用含有鎖水能力的保養品，皮膚在癒後才不會留痕跡，否則花了大把的鈔票打斑，結果因為術後保養不佳而重新冒出來，不是很冤枉嗎？

健康的皮膚有其自然的吸水與鎖水機制，提供皮膚源源不絕的長效保濕效果。在人體肌膚的角質層中，就存在著一種稱為「天然保濕因子（Natural Moisturizing Factor, NMF）」的親水性吸濕物質，負責皮膚保濕的重要任務，這是一種存在於人體表皮層中的蛋白質——絲聚合蛋白（Filaggrin），於角質層的角化細胞內崩解，產生的一種親水性、吸濕物質。但由於現代環境的外在刺激物太多，皮膚在各種化學產品的

傷害之下，這種天然的保濕機制多被破壞，所以才須要再用外在的物質來補充。

天然保濕因子能在角質層中與水結合，並調節、貯存水份、維持角質細胞間的含水量，皮膚自然呈現保水狀態。若天然保濕因子缺乏或不健全，皮膚就會失去光澤、產生細紋，並且變得乾燥與敏感。

正常的皮膚角質含水較多，就是因為角質裡的這些天然保濕因子能夠抓住水份，不過如果是皮膚角質有缺損，容易乾燥或是發癢，在使用保濕的產品成份中，除了玻尿酸外，高分子酯（ceramide）也是必須的，因為高分子酯是處於連接正常角質與角質間縫隙的物質，就好像一道紅磚牆上的磚塊與磚塊連接處的水泥一樣，當連接的水泥破損了，磚塊也就跟著一塊塊的剝落。如果皮膚的高分子酯破損，除了角質會變粗糙外，水份也會大量流失。

在炎熱的夏季，水水們如果是屬於油性肌膚，平時保濕可挑選較清爽的凝露補充水份即可；但若要長時間待在冷氣房工作，則除了補水外，鎖水、滋潤也是必須的。

表皮保濕、真皮保濕，兩者大不同！

　　水水們要能夠看起來真的「水水的」，就要注重皮膚的保水度，也就是保濕。如果皮膚的含水量降低，尤其是角質層的含水量降低，就會導致皮膚乾燥，甚至形成細紋、皸裂等，加速皮膚的老化。但如果是真皮層的水份降低，水水們在表層補水還是治標不治本，「表皮保濕」和「真皮保濕」兩者皆忽視不得！

　　先來談談表皮層的保濕。保濕類保養品主要的功能是「保持皮膚的濕潤」，也就是保住皮膚所含有的水分，免得水份「入不敷出」。保濕分為「開源」及「節流」兩大項，給皮膚加水（濕潤），就是開源；而保住已有的水分（潤滑），就是節流。

　　保濕類的產品，有些只有濕潤的功能，有些只含有潤滑的功能，都不能算是理想的保濕。保養品要具有完整保濕的功能，成份中就需要具有以下二大項：

1.開源：幫皮膚加水的功能（濕潤劑）

　　濕潤劑常見的有尿素、乳糖酸、胺基酸及玻尿酸等，其中玻尿酸一個分子可以抓住五百個分子的水分，濕潤能力最強，所以廣為一般水水所愛用。但是光有濕潤是不夠的，還必須要能防止水分蒸發（潤滑劑），否則即使濕潤劑功效很好，效果也無法持久。

　　水水們常用的化妝水，若誤用了含有酒精成分者，並不具良好的保濕功效，因為酒精揮發速度很快，在揮發時，還會帶走部份的水分，用後的感覺雖然很清爽，但卻會使皮膚更加乾燥。如果要使用化妝水來保濕，最好選用不含酒精的產品，含有酒精的產品適合在油性肌膚的清潔與調理時使用。

　　此外，也有人認為「在皮膚上噴些水」，就能夠提高皮膚的含水度？其實噴水只能讓表皮獲得短暫的濕潤，而因為效果短暫，並沒有辦法延長保濕的效果；另一方面，深層的肌膚也無法吸收到水份。

　　肌膚的含水量，大多來自於我們每日所喝進的水，經過吸收與循環作用後到達皮膚，讓皮膚保有一定的水份。所以無論夏天或是冬天，喝適量的水對皮膚含水度而言，都會有一定的幫助。

2.節流：防止皮膚水分散失的功能（潤滑劑）

　　潤滑劑包含一些脂肪酸、磷脂質、動物性油脂、植物性油脂以及凡士林等，其中以凡士林的潤滑功效最好，但是由於太過油膩、黏稠，而且氣味也不是很好，所以很少用於臉部的保養品中。但如果是用在冬季嚴重乾燥皮膚的「搶救工程」中，可以收到立即且良好的改善效果，但夏季不適用。

　　有水水誤以為：既然皮膚乾燥可以用「提高滋潤度」來改善，那不就是使用純油性的保濕產品效果最好嗎？水水們，這樣是不行的！

　　油型的保濕產品，例如凡士林，是用來「保住皮膚水分」的，但是當皮膚就是沒有水的乾燥狀態時，哪還有水可保？所以這時的保養工

作，只有「節流」是不夠的，必須先「開源」，補充皮膚的水分，趁皮膚剛剛「喝飽飽」時，馬上用含有濕潤劑的保濕、潤滑功能強的產品來「鎖水」，才算是完整的保濕。

沒有先進行補充足夠水份的步驟，對於皮膚極度乾燥的水水來說，不管再擦多少的保濕乳液、保濕霜，都不可能產生改善的效果，這就像是一盆乾旱已久、土都乾到裂開的花盆裡，不灑水、只潑上一層又一層的養料，對於解除植物的旱象怎麼會有幫助呢？

所以，水水們應該要明白，皮膚的保濕工作應該包含：

1.**為皮膚加水**：可以用化妝水或是有保濕作用的精華液來達成。

2.**把水留住**：可以藉由含有潤滑功能的保濕乳液或是保濕霜來達成。

夏季宜用能夠抓住水份的保濕產品

　　夏天和冬天的保濕方法略有不同，因為在夏天一般人很容易流汗，如果不是一直待在冷氣房中，光流汗就足以讓表皮的濕度提高了。這時候的皮膚並不需要刻意的使用提高濕度的產品（開源），但容易因為皮膚留不住水份，因此水份來得快、去得也快，所以適時使用能夠抓住水份的保濕產品（節流）是有其必要的唷！

油性肌膚重「開源」，
乾性肌膚「開源」、「節流」要並重

　　選擇適合自己的保濕產品和保濕方式，才會讓妳的肌膚水水亮亮喔！

　　1.會出油的肌膚應強調「開源」，因為皮膚已經很會出油，可以用清爽型的保濕產品。出油度高的水水們，應該加強化妝水的用量，以保濕凝膠或保濕菁華液為輔，可以減少或不使用乳霜類的保養品。

　　2.乾性肌膚宜「開源」和「節流」並重。先給予足夠的水分（保濕化妝水、保濕凝膠、保濕菁華液、保濕面膜皆是），再給予保濕乳液或乳霜類鎖水。

四、抗氧化

> **晶瑩剔透的白淨肌膚較能均勻反射紫外線**

有些水水們總是很疑惑：為何不論怎麼認真保養，膚色就是無法白白淨淨的？美白保養品不曉得用了幾百種也不見成效？黯沈、蠟黃、有斑點的肌膚，除了不好看之外，又暗藏什麼肌膚或是健康的問題呢？提醒水水們：忽略「抗氧化」，白皙亮麗將是遙遙無期的盼望！

事實上，較黯沈、蠟黃、有斑點，或角質較厚的肌膚，無法正常的反射紫外線以保護皮膚，而晶瑩剔透的白淨肌膚，比較能均勻反射紫外線，

所以水水們常常感嘆「皮膚黑的人白不了，皮膚白的人好像比較不易曬黑」。想要美白，就要有正確的護膚觀念與保養程序才行，尤其在炎炎夏日，更是要進行有效率的保養。在「白雪公主計畫」中，若是忽略了「抗氧化」，將使效果大大的降低唷！

忽略了「抗氧化」，乾燥、敏感、黯沉等現象將不易緩解

很多水水們總是被皮膚的「光澤感」和「白皙度」所困擾，所以只要看到能「增加皮膚光澤」、「讓皮膚更白皙亮麗」的保養品，便如獲至寶的一一購買，但使用這些保養品真的能為水水們帶來「光澤感」和「白皙度」嗎？除了保養品的選用之外，還有什麼是水水們所忽略的美白殺手呢？

在「白雪公主計畫」中，水水們若是忽略了「抗氧化」這個環節，無疑是讓保養的程序出現了大漏洞，皮膚的乾燥、敏感、黯沉等現象將不易緩解，成為白皙美人的願望當然也就難以有成囉！

水水們，妳知道在生活中，有哪些是容易造成過氧化現象的因素嗎？

1.外在因素

電腦：長期「曬」在電腦螢幕或電磁波前，容易讓膚色泛黃、黯沉，主要是因為角質增厚、皮脂膜氧化所造成。

紫外線：會刺激黑色素細胞，引發肌膚發炎反應，造成肌膚泛

紅、蠟黃、黑斑等現象。

　　空調：水分從表皮蒸散流失，肌膚含水不足、血液循環不良，造成皮膚乾澀、失去彈性。

　　環境污染：散播在空氣中的各種有毒物質與香菸中的尼古丁，都容易和肌膚作用，產生化學變化，讓膚色顯得黯沈無光澤。

2.內在因素

　　自然老化：肌膚的膚況會隨著年齡的增長而改變，表皮層更新速度減緩（角質化過程不佳造成粗糙）、新陳代謝率下降，皺紋、斑點等老化現象陸續出現。

疲倦：肉體的勞累、疲倦，會讓表皮肌膚失去活力，影響真皮層內微血管的血液循環，讓肌膚疲憊黯沉、沒有光澤、粗糙。

壓力：壓力除了是皮膚的殺手之外，也會對水水們的健康產生很大的威脅。因為壓力感會刺激腎上腺素及神經性傳導物質來對抗「危機」（但危機感往往是我們的心理因素引起），造成體表微細血管收縮，間接造成血液循環遲緩、膚色看起來蒼白無血色。

緊張：緊張總伴隨壓力而來，容易在體內堆積毒素與廢物，導致毛孔粗大、肌膚油膩、青春痘、黑眼圈等現象產生。

失眠：干擾正常的新陳代謝與內分泌，無形中加速營養素的損耗，也促使皮膚老化、皮脂分泌失調。

壓力的產生與舒解

　　當外在環境產生變化，使你覺得有無力感、低落沮喪、挫折、煩惱、生氣或緊張等感覺時，便是「壓力」產生了。長期慢性的壓力，會造成身心的過度負荷而引起健康問題。

　　壓力從心理開始，接著便會引起生理的不舒服。在情緒方面產生如緊張、焦慮、憂鬱、情緒波動、易怒等變化；在疼痛方面則有頭痛、肩頸僵硬或肌肉酸痛、腰酸背痛、胸悶、胸痛甚至於全身酸痛的問題；而在飲食及生活習慣方面則有食量過多或減少、腸胃不適、便秘或腹瀉等改變，其他也伴有如心悸、身體發熱或發冷、多汗及頻尿等現象；在睡眠方面則是失眠或睡得比平常多、容易疲倦等。

　　總之，壓力會造成生命力很大的磨損。既然如此，水水們應該如何舒解壓力呢？

　　1.與自己對話：覺知什麼是你的壓力源，是解壓的第一步。

　　2.跨出自己：若已自覺壓力產生時，不妨與親朋好友互動，適當宣洩情緒，並可規劃參與一些社會活動，藉以增加成就感及提昇自我價值感，不要總是關在自己的小圈圈內鑽牛角尖，找尋出口將有助於壓力的解除。

　　3.正向思考：面向陽光，陰影就不存在。

　　4.培養良好的生活習慣：規律的生活、充足的睡眠，和固定的運動習慣對身心健康有益；另外，冥想（打坐）及放鬆訓練也有幫助。切記，勿以吸菸、酗酒或濫用藥物等來處理壓力；另外，壓力來時，泡個精油澡也是個好辦法唷！

　　5.尋求協助：如以上方法都無法解決您的壓力，應向醫師或專業人員尋求幫助。

第三篇

美白動手來

- 清潔
- 卸妝
- 洗臉
- 保養
- 精油

一、清潔

徹底清潔是健康皮膚的不二法門

　　夏天防曬美白固然重要，但「將臉洗乾淨」則是不論季節都要修的「美女學分」。將臉部不要的髒污去除，皮膚對於接下來的保養品才能「欣然接受」，否則用了再多的名貴產品，不管滲透性多強，還是一樣讓皮膚拒於千里之外的浪費喔！

　　清潔工作是基本功，偷懶不得。不可貪圖方便，也不該任意聽信廣告、傳言及各種偏方，應該依據自己的上妝習慣和膚質，審慎選擇適合的卸妝產品，透過長期、正確、適度的卸妝和清潔，才是維持健康亮麗皮膚的不二法門。

　　夏天皮膚泌油量多，混合保養品、汗水、灰塵等污染，臉真是「不洗不快」，而紫外線的刺激也會導致角質層的肥厚，所以，適當的去角質也可以讓皮膚更加潔淨、更加平滑細緻喔！

二、卸妝

夏季還是要用油性卸妝配方才能徹底清除彩妝

　　夏天皮膚容易泌油，尤其是混合性肌膚、油性肌膚，簡直是可以從臉上刮出油來啦！「已經這麼油，還要再用卸妝油嗎？」面對黏膩的肌膚，水水們可真是困擾。

　　尤其近來有些醫師和專業人士，還提出可能因為使用了卸妝油而長出滿臉粉刺、青春痘的警告。愛美的水水們，真不曉得該不該繼續用卸妝油卸妝？尤其是在夏天，哪一種卸妝產品才適合自己呢？

　　一般我們使用的粉底、彩妝裡本身就含有油脂，還有各種水水們讀不懂的各種成分，對臉部都有相當程度的附著性，而卸妝油正好和油性的彩妝「一家親」，特別是對付厚重的濃妝、遮瑕膏、粉條、粉底霜等，及以眼影、口紅等「色彩繽紛」的彩妝，或使用了有防水、抗汗功能的彩妝，此時使用油性的卸妝配方，才能徹底的溶解並清除彩妝。

冷水洗臉易使卸妝油殘留，水水們勿貪涼！

　　有些油類遇冷容易凝固，水水們應該看過冬季的「豬油」吧？雖

然卸妝油不是會凝固的「豬油」做的，但還是要以高於體溫的溫水才容易將卸妝產品清洗乾淨。如果用水龍頭打開的冷水直接清洗，還是會有許多油脂殘留在臉上，水水們在夏天千萬別為了貪涼而用冷水卸妝喔！

以眼部、嘴唇皮膚進行卸妝油簡易測試

市面上的卸妝油品牌百百種，怎麼找到適合自己的那一瓶「Mr. right」？

水水們的眼部、嘴唇皮膚嬌嫩敏感，正是很好的測試點。如果使用卸妝油來卸口紅，出現嘴唇腫脹不舒服，或沾到舌頭會覺得麻麻的，就表示這個產品有刺激性，可能不適合妳用；再者，若使用了1～2個星期之後，皮膚狀況變差了，甚至冒出粉刺、痘痘，就要趕快停用，以免更進一步引發皮膚的問題。

水性卸妝品多含有強力去油化學物質，用多了恐傷肌膚

油光滿面的水水，在夏天實在無法忍受用油卸妝該怎麼辦？訴求完全清爽、不油膩，又可以快速、徹底卸除彩妝，連濃妝也可以卸得不留痕跡的卸妝液、卸妝棉片不就最完美了，但真是這樣嗎？

水水們請小心，大部份的水性產品，為了讓妳使用起來有清爽的感覺，必須將油脂含量減少，但如此就不能將妳的污垢去除，所以只好添加能強力去油脂的「界面活性劑」和滲透性強的「有機溶劑」（大多使用苯甲醇Benzyl alcohol），才可能達到良好的溶解彩妝效果；但這兩類成分如果配伍不當，或長期使用，都會造成皮膚表皮的皮脂膜被過度去除，水水們會問：這樣

不是剛好讓皮膚很清爽滑溜嗎？錯了，這樣一來會使妳的皮膚抵抗力降低，進而造成皮膚敏感、乾燥、發炎等後遺症喔！所以強效的卸妝液實在不宜長期使用。

　　如果不靠油去除彩妝，就必須依賴去脂力強、但相對刺激性也大的「界面活性劑」，雖然有些產品額外添加各種護膚成分來減少刺激感，但其實它的傷害還是存在的。因此，在清潔力相當的情況下，用油取代大量的界面活性劑，可以減少刺激，對皮膚的傷害也可降低。

三、洗臉

　　清潔是肌膚保養的第一步，也是皮膚保養的各項步驟中最重要、最不能缺少的。水水們可以不必有任何的保養品，但唯獨洗面乳是一定少不了的，所以洗面乳市場是塊大餅，當然吸引了很多廠商爭相投入，並挖空心思、想盡辦法得到水水們的青睞，當然這其中也免不了運用一些誇大不實的宣傳手法。水水們可要睜大眼睛，憑妳的智慧去判斷囉！

純植物洗面乳仍須添加化學物質以達到去污目的

　　首先，水水們必須了解「一個化學結構式，無論用什麼方式取得，它的功效是一樣的」。意思就是說：無論是純植物提取、或是以化學合成，只要是同一種離子活性劑，效果都一樣，清潔用就是清潔用，沒什麼特別的。

　　再者，從植物中提取離子活性劑，所需要的技術和設備要求不是一般的廠商能做得到；除此之外，加上提煉、濃縮之後的成本高得嚇死人，這樣製造出來的洗面乳，絕不是美女們花百元左右的價格就可以買得到的，對於一般的廠商和消費者而言，並不符合成本效益。

　　所以，所謂的「純植物洗面乳」，其中去污作用的離子活性劑，

可以說都是以化學合成的。有一些洗面乳宣稱是植物型，含某些「珍貴植物」的萃取物，但實際上並不含任何植物的成分，充其量只是含有「植物香味」的洗面乳罷了！例如號稱精油之王的「保加利亞玫瑰精油」，一公斤要價動輒數十萬元，還不一定買得到，怎可能隨隨便便的就含在一般的洗面乳中呢？水水們應該心知肚明。

洗面乳對於去除黑色素可以說完全「無能為力」

洗面乳並不是保養品，它停留在臉上的時間很短，事實上也不可以太久，以免傷害肌膚。它的作用就是洗掉肌膚表面的油脂、污垢、灰塵等，而黑色素可是躲在肌膚基底層的細胞中，任何洗面乳對於這些黑色素可以說是完全「無能為力」。

那為何在洗臉之後，確實都會感覺到肌膚變得比較白？這大多是因為洗掉了皮脂膜上沾染的各種髒污、老舊角質，以及已被代謝到表層的黑色素，少了這一層老皮的「阻礙」，肌膚當然就會顯得較為清透明亮，但這與真正達到「美白」的事實，還是有很大的距離唷！

長期使用「控油」洗面乳會破壞肌膚皮脂膜，導致「越控越油」

能「控油」的洗面乳在夏天對水水真是有莫大的吸引力，但「控油」不是在洗臉時做的，洗臉時是在「去油」。

洗面乳當然可以洗掉臉上存在的油脂，但洗面乳必須要沖洗乾淨，絕不能有一丁點兒殘留的，這麼一來，洗面乳中的「長效」控油因子，不是也一併被水沖走了，怎麼還能發揮效力？而且，市場上大多數有「控油」效果的洗面乳，都是屬於弱鹼性，去油性佳，使用初期確實會令人感覺皮膚很清爽（甚至於會讓妳感覺到皮膚「澀澀」的），但我們的肌膚表面健康的狀態是呈現弱酸性，長期使用弱鹼性洗面乳會破壞肌膚的皮脂膜，肌膚有自行調整的作用，於是產生了「越控越油」的情況。

洗臉兼按摩？小心瘦臉不成，反使皮脂膜受傷害

夏天衣服穿得少，水水們對於身上的每一吋肉肉突然計較了起來，如果洗臉能「順便」瘦臉，那可是能省下不少打肉毒桿菌的費用哩！

影響到臉型的原因有很多，包括骨骼、脂肪、肌肉、水份滯留等，想用小小一瓶洗面乳搞定大餅臉，完全是異想天開。如果洗臉真的能有瘦臉作用，那也只是洗臉時由於「按摩」皮膚產生的作用，跟洗面乳是沒有直接關係的。但按摩雖有好處，可不能在洗臉時進行唷，以免瘦臉不成，反而導致皮脂膜受傷害。

洗面乳添加薄荷或精油具刺激性，勿每天使用

油性肌膚在夏季若是出油情況嚴重，感覺到洗完之後還是有一層污垢在臉上，可以試著再加洗一次，若還是無法改善，可以檢視「卸妝」這個環節的產品，因為就「對付油膩」而言，卸妝產品比洗臉產品更「有力」，因此不必刻意更換洗面乳。

而針對夏季的需求，有些產品會加入薄荷或是精油，洗後感覺「皮膚涼涼的」，水水們可以「趕流行」買一瓶來用用，但因為刺激性較強，儘量不要每天用、長期用，以免造成肌膚和眼睛的負擔。

四、保養

一般保養順序：化妝水→精華液→乳液

水水們保養品這麼多，洗臉後到底怎麼塗抹才正確？尤其在夏天只想洗臉就好，其他瓶瓶罐罐都免了，可以嗎？

保養品的使用順序，嚴格來說並沒有所謂正確或錯誤的問題，重點在於水水們應確定產品的作用是要進入皮膚內層，像是精華液；或是只要停留在表皮上即可，比如是隔離霜或是彩妝。因此在保養階段應是以須進入皮膚內者為先，作用在皮膚外者在後。

不過，撇開具有特殊作用的產品不說，一般的順序是：化妝水→精華液→乳液。

有不少水水們在拍完化妝水之後只擦上精華液，這樣的保養方式一般而言算是「未完成」。因為乳液的油脂含量較高，能防止皮膚水分的流失，所以乳液應該是在精華液之後才塗抹。

至於天氣熱，可不可以簡化保養品？當然可以！但要減去什麼，這可是要問水水的皮膚。有些人只要拍上化妝水就感覺「心滿意足」，那就這樣吧，只要不外出日曬，或是長時間待在空調環境中也不覺得乾燥，都可以。夏天還勉強在臉上塗過多的保養品，一來不舒服，二來也不一定能產生護膚的效果，更甚者會產生反效果，所以，何苦給自己找麻煩呢！

「拍打」讓保養品更容易被肌膚吸收

　　很多保養品標榜「分子極小，非常容易被皮膚吸收......」，事實上真是如此嗎？

　　理論上正確，但作用在皮膚時則並非絕對，因為影響皮膚吸收的因素，除了分子大小外，還有「劑型」的差異。那到底是水性好？還是油性好呢？適當的脂溶性是皮膚容易接受的，但也不是每一種油脂皮膚都可以接受，比如礦物油就不被皮膚所接受。

　　其實，小分子有時反而比一些大分子更不能被皮膚所吸收。例如小小的氧分子，身體週遭充滿了含氧的空氣，但能直接進到皮膚嗎？就連使用機器也要以「高壓注氧」的方式才能將氧氣打進皮膚；小小的水分子，也只有在長時間的浸潤之下，才能濕潤皮膚最外面的角質層，除非有外傷，不然難以進入肌膚深層。

　　所以保養品的吸收是指：「使用適當的載體來促進和皮膚的作用」，一些大分子如EGF（表皮細胞生長因子）、FGF（酸性纖維母

細胞生長因子）、玻尿酸、膠原蛋白等，以一般普通的化妝品科技，光塗抹在表皮，是無法被充份吸收和利用的。所以美容界常用各式儀器，如超聲波、電解（營養導出/導入）等方式，強迫成份進入皮膚。

如果沒有儀器，使用的又不是皮膚能迅速吸收的劑型和理想的分子大小，該怎麼辦呢？建議水水們在使用時透過適當的「拍打」，就可以讓皮膚多吸收一些。而夏天的健康肌膚，有時只要充份的拍上足量的化妝水就夠了。如果妳不喜歡層層保養帶來的肌膚窒息感，卻又得長時間身處空調環境之中，不妨就帶一瓶保濕化妝水經常拍打吧，但清爽型的化妝水能控油、乾燥肌膚，所以並不合適！

曬傷脫皮時，千萬不能再做去角質！

臉部曬傷脫皮時，千萬不能再做去角質！有些水水看到肌膚脫皮，認為「乾脆讓角質去得徹底一點」，如此等於是在「傷口上灑鹽」，不但會刺激皮膚黑色素的活躍，而且在細微的傷口上，再塗抹具

有溶解角質的去角質膠,真的會讓妳的肌膚感覺「很刺激」!

　　夏季很容易曬傷臉部,造成脫皮、紅腫,這時的肌膚正在進行修護的過程,非常脆弱,千萬不能再做去角質,不管是磨砂膏、搓除式或是敷面後揭除式的都不行,否則會因為刺激性過大,造成肌膚過度傷害、色素沈澱等後遺症。

曬後宜使用保濕或鎮靜修復類面膜敷面

　　每到夏季,很多水水超怕被曬黑,日曬過後不管三七二十一趕緊敷面「急救」,希望能在最短的時間內白回來,而且最好能「更白」!

　　水水們,這樣做的結果很可能不會讓你變白,而是會讓你的皮膚發生過敏反應,受傷後也許會變得更黑唷。

　　為什麼?這是因為曬後的肌膚處於脆弱、缺水狀態,並伴有紅、腫、熱等炎症反應。美白面膜為了提高美白的效果,往往是濃度較高、或是微酸性具有去角質作用,此時把這種類型的美白面膜敷在臉上,無疑是大大的刺激了皮膚,讓皮膚變得更加敏感和不穩定,為了保護皮膚,於是黑色素就開始再分泌……。那該怎麼辦呢?

　　正確的敷面,是在曬後使用保濕或鎮靜修復類面膜,坊間也可以找得到曬後專用的面膜,通常是凝膠狀、布膜狀,使用前先置於冰箱裡冷藏,使用時鎮靜肌膚的效果更好。曬後缺水的肌膚得到降溫和水分補充後,自然會恢復角質層的健康狀態。至於美白的面膜,要等皮膚狀態完全穩定後才開始使用。

夏天按摩以指壓輕輕刺激穴道即可

　　按摩確實能促進黑色素的代謝，有助於皮膚維持白皙亮麗的光澤，但由於按摩使血液循環加速，所以按摩的手法和時間若沒有控制好，很容易讓皮膚溫度升高、油脂分泌更旺盛。如果妳這麼認真，建議妳夏天的按摩最好以指壓輕輕刺激穴道即可。

　　完整的按摩可以一個月做一到二次即可，在產品的部份可以使用凝膠加水取代按摩霜，按摩時間不要太久，在臉部感覺到微微發熱時就要立即停止。

化妝水不是洗面乳，起泡不是好現象

　　化妝水似乎已是保養時不可缺少的環節，它可以調節肌膚酸鹼平衡、再次清潔肌膚，提供表皮足量的水份。但是，化妝水並不是萬能的，聰明的水水們面對各種宣傳花招，可要分清楚何者誇大、何者為真，才能為自己挑選一款合適的化妝水。

1.純植物成分？

　　妳的化妝水是真的含有植物萃取液？還是只是以植物香味或色澤來唬弄妳？市面上充斥不少只有香味沒有效果的「化學水」，看看成份標示、聞聞它的味道，會不會有「很假」的感覺？搖一搖是否起泡？若起泡了是否很久都「消不掉」？化妝水不是洗面乳，起泡不是好現象，通常是含有界面活性劑才會起泡；而不起泡還要聞一聞是否有酒精的味

道？因為有些化妝水加入了酒精當「消泡劑」，這些沒有必要的化學物品，我們若經年累月的塗抹，還想用它來「保護」肌膚，結果自然可想而知。

2.化妝水能美白？

對於遠在肌膚基底層細胞中的黑色素，化妝水根本就是鞭長莫及。除非是使用濕敷、導入等方式，強迫某些美白成份滲入肌膚，否則成效很有限。至於為何使用後會感覺到「變白」？通常是因為皮膚表皮吸收了充足的水份，乾燥的角質層舒展開來了，於是肌膚看起來的光澤度和水感就會好很多，絕不是塗抹化妝水的「效果」唷！

3.化妝水能保濕？

化妝水的功能僅限於為表皮肌膚補充水分，但它大多不含油脂（含有油脂型的「乳液水」例外），也就是單純的化妝水「鎖水」功能較弱。但隨著化妝水的配方和製造技術一直在提昇，含有天然保濕因子NMF、PCA、玻尿酸等成份者，都具有一定的保濕涵水能力，足以支撐一定的水分子。但若真要提高保濕的時間和效果，應在使用化妝水之後，再薄薄地塗抹一層乳霜類，即可有效的防止肌膚水分蒸發，但夏天則以清爽性的乳霜為主，否則肌膚過度滋養不但不舒服，也會因為油膩而造成脫妝，甚至於冒出痘痘喔！

乳霜保養品選色淺味淡、成分簡單、作用單純

　　乳霜類產品這麼多，不論你追求的使用目的為何，有幾個重要的選擇標準一定不要忘記：色淺味淡、成分簡單、作用單純。

　　水水們在選擇乳霜類產品時，應選擇霜體為白色或乳白色的最好，顏色鮮艷、氣味濃厚的產品，加的色素和香精較重，最好別考慮，因為這些都是造成肌膚過敏的來源；而所謂成分簡單，就是最好不加特殊香料及過多的顏色，只具備「應該有的功用」即可。

　　乳霜又不是「香膏」，有一些保養品用過像是身上灑了香水般，其實刺激性都太強了，味道愈淡愈好。建議水水們在挑選時先聞聞氣味，只要不反感就可以。而作用單一，就是指乳霜訴求的功能要簡單，如保濕霜就是專門維持肌膚水潤感的，潤膚霜就是滋潤皮膚的，如果護膚霜還兼具有其他一大堆的功效，水水們就要考慮考慮了。但偏偏很多人都喜歡一瓶兼具多種用途，省得瓶瓶罐罐買一堆，其實霜類的作用原來就只是潤膚、防止水份的逸散罷了。

　　夏天是不是可以不要擦乳霜？當然可以！保養品是用來讓肌膚更美、更好的外在物品，如果妳覺得它造成妳的困擾，比如用起來不舒服、用後產生其他皮膚的問題等，表示妳的用法、用量、產品和使用時機等可能有不對的地方，該調整一下了。

五、精油

> ## 精油對舒緩身心壓力有一定幫助，不同配方有不同功效

精油可以用來泡澡、保養，對於舒緩身心的壓力也有一定的幫助，下列為妳挑選出幾款常見、通用的精油詳細說明，可以提供水水們使用時參考。

單方精油功效（本表格僅供參考，精油並不能取代醫療行為）

名稱	適用膚質	在美容上與使用於身體的功效
鼠尾草 山艾 洋蘇草	敏感性肌膚與青春痘、粉刺皮膚 注意事項：過量對中樞神經會產生副作用，抽搐、癲病患者、懷孕、哺乳期禁用。	美容功效：濕疹、皮膚敏感、粉刺、青春痘、殺菌、收斂、潰瘍、癒合傷口、改善毛孔粗大、改善頭髮黯沈。 其他功效：鬆弛神經緊張、解除壓力、舒解疲勞、焦慮、沮喪、失眠；運動後之各種疼痛緩解、擦傷、瘀傷；調理更年期及生理期症狀、利尿、改善便秘、減肥、淋巴排毒、增強免疫力、抗水腫、降血壓；助消化、袪脹氣。會使人放鬆、昏昏欲睡，開車前不能使用，也不能擺在車內當芳香劑，以免發生危險。
依蘭 香水樹	注意事項：過量會導致反胃和頭痛。	美容功效：強烈殺菌、鎮定、消炎、退腫、日曬後肌膚調理、平衡及調節肌膚油脂分泌、收縮毛孔、預防老化、防皺。 其他功效：感冒、頭痛、腹痛、舒緩神經性失眠、平衡荷爾蒙、調理生殖系統、子宮、改善性冷感及性無能、保持胸部堅挺（健胸）、降血壓、平撫心跳急促、呼吸急促、可助長出新髮。

名稱	適用膚質	在美容上與使用於身體的功效
天竺葵	適合調理各種肌膚，亦適合敏感性膚質 **注意事項**：能調節荷爾蒙，孕婦禁用。	**美容功效**：消炎殺菌、鎮定安撫、收縮毛孔、平衡皮脂分泌、去青春痘、粉刺、毛孔阻塞、凍瘡、增加皮膚彈性、治皮膚發癢、可使蒼白皮膚紅潤有活力。 **其他功效**：消除沈積的脂肪、瘦身及健胸、促進血液循環、淨化血管、溶解血塊、抗凝血、利尿、濕疹，有鎮定止痛功能，消除疲勞、改善水腫、靜脈曲張、並有健胸緊膚之效。調節荷爾蒙分泌、經前症候群、生理疼痛、更年期問題（沮喪、陰道乾澀、經血過多）、可促進淋巴排毒、改善水腫、腎臟炎、腎結石、利尿。
洋甘菊	任何膚質 **注意事項**：有通經效果、懷孕禁用。	**美容功效**：消除紅腫、發炎現象、調理超敏感皮膚、軟化及收歛皮膚、強化皮膚防護功能、平復破裂微血管、強化皮膚組織、增加彈性、改善燙傷、水泡、發炎、面皰、濕疹、保濕及水份補充、使皮膚細緻光滑。 **其他功效**：抗憂慮、焦慮；精神疲勞、緊張、壓力、失眠；提神、抗痙攣；鼻塞、鼻炎；擦傷、止痛（如頭痛、神經痛、牙痛、經痛）、規律經期；刺激白血球的製造、抵禦細菌、增強免疫系統；平衡和刺激消化系統、改善消化不良、胃脹氣、治腸胃潰瘍，使胃部舒適，減少腹瀉、結腸炎、嘔吐；具有特別鎮靜安撫功能及淨化效果。
檀香	任何膚質，尤適乾敏性皮膚及粉刺青春痘之皮膚。	**美容功效**：平衡皮脂分泌，改善面皰、粉刺、改善老化缺水皮膚。深層清潔、柔軟皮膚、強烈殺菌、加速血液循環、刺激細胞再生、消除皺紋、促進傷口癒合、淡化疤痕及斑點皮膚。 **其他功效**：增強信仰、強化能量，鎮定、安撫情緒、鬆弛、失眠、消除煩燥不安感、強化腎臟功能、改善性冷感、性無能、有催情效果、促進陰道分泌、消除生理痛、消除腹痛、治療泌尿器官感染、清血、造血、治療血管破裂、淋巴排毒、增加免疫力、除臭芳香、對支氣管炎及乾咳有一定的功能。

名稱	適用膚質	在美容上與使用於身體的功效
薰衣草	任何膚質，尤適青春痘與粉刺肌膚 注意事項：低血壓、懷孕禁用。	美容功效：促進細胞再生、強化皮膚組織彈力、消除眼袋、黑眼圈；平衡皮脂分泌、消炎殺菌、收歛、退紅、止痛、舒解充血與腫脹，促進傷口癒合；改善面皰粉刺、膿腫、濕疹、淡化疤痕、斑點、減輕皺紋、消除妊娠紋、幫助淋巴排毒、瘦身。 其他功效：強化免疫系統、增強抵抗力、抗病毒、殺菌、濕疹；平衡中樞神經、治療頭痛、感冒、咳嗽、扁桃腺炎、刺激支氣管黏膜分泌；強化肝臟功能、清肝、清脾、促進胃腸功能與分泌作用，消除口臭、平撫鎮靜效果，鎮定神經系統、緊張、壓力、焦慮、失眠、消除疲勞、提神，改善生理問題、可降低高血壓、安撫心悸、緩解關節肌肉骨骼疼痛、風濕、痛風、頭皮屑、極具利尿作用、瘦身、殺菌、驅蟲、消毒犬咬傷、防止禿頭。

名稱	適用膚質	在美容上與使用於身體的功效
薄荷	油性肌膚 **注意事項**：強勁精油、懷孕及哺乳期禁用。	**美容功效**：消炎殺菌、安撫、消紅退腫、有效改善青春痘及疣、日曬後的鎮定、清涼、舒緩、抑止皮脂分泌、防止粉刺形成、去除角質、收斂肌膚及毛孔、加速細胞新陳代謝、細緻肌膚、平衡PH值及油脂分泌、潔膚、收縮微血管。 **其他功效**：具清涼刺激及澄清思想作用，舒解發癢、紅腫、敏感現象；除口臭、退燒解熱、促進發汗、治感冒、氣喘、支氣管炎、肺結核、鼻塞；安撫風濕痛、神經痛、宿醉、脹氣，改善腎、肝功能失調，特別有助於改善消化系統的不適；平衡內分泌、消除生理痛，並可治絞痛、腸瀉、便秘、止痛功能絕佳；解除壓力、頭痛、肌肉疼痛、舒緩充血現象；和迷迭香併用，可提神醒腦、精神煥發，增強記憶力、去除多餘脂肪、瘦身；防止昆蟲、寄生蟲。
葡萄柚	一般肌膚 **注意事項**：使用後禁止長時間曝曬，以免產生光過敏。	**美容功效**：美白緊實肌膚 **其他功效**：提振精神及活力，消除及抑制憤怒及挫折感，是良好的抗憂劑。幫助淋巴排毒、利尿、改善蜂窩性組織炎、調節消化系統、淨化血液、腎臟、幫助化除膽結石、養肝。
玫瑰	適用於乾性及敏感性肌膚。	**美容功效**：保濕、美白、消除皮膚瑕疵、消除細紋、抑制黑色素生成、淡化斑點。 **其他功效**：興奮催情、增加愛慾、臥房情趣、促進荷爾蒙分泌、強壯腎臟功能、改善產後憂鬱症、緩和經前緊張、減少更年期問題、增加性能力、提高性趣與改善性冷感、舒緩情緒低落。
佛手柑	一般肌膚、油性肌膚 **注意事項**：使用後避免曝曬日光；易產生光敏感現象。	**美容功效**：殺菌、鎮定、預防細菌感染：濕疹、乾癬、粉刺、疥瘡、靜脈曲張、庖疹、皮脂漏等。 **其他功效**：增強記憶力、克服壓力、緊張、沮喪、鎮靜、殺菌，可改善尿道的黴菌感染、發炎、膀胱炎；調節子宮機能、更年期症狀、可治療性傳染病；驅蟲、跳蚤、蛀蟲；對消化系統頗有助益，可刺激食慾。

名稱	適用膚質	在美容上與使用於身體的功效
檸檬	任何膚質 注意事項：使用過量會造成光敏感	美容功效：殺菌消炎、退紅腫、收斂毛孔、消除面皰、調理皮脂分泌、改善微血管上浮；美白、淡化疤痕斑點、色素沉澱；促進皮膚的新陳代謝、去除老死細胞、去除雞眼、扁平疣；消除妊娠紋、水腫、肌肉酸痛、改善油性髮質及膚質。 其他功效：使空氣清潔、保持頭腦清醒、釋放壓力使身心舒暢、消除精神疲勞；鼻塞、鼻竇炎、頭痛、喉嚨發炎、除口臭、治療感冒、發燒、支氣管發炎；消化不良、胃腸脹氣、腹瀉、強化泌尿系統、利尿、可促進血液通暢、減輕靜脈曲張、可降低血壓、恢復紅血球活力、改善貧血、強化免疫力、驅蟲、關節痛、肌肉酸痛，減輕痛風、關節炎。
迷迭香	任何肌膚 注意事項：懷孕、高血壓、癲癇患者禁用。	美容功效：安撫、殺菌、消紅退腫、減輕充血，改善浮腫、腫脹、水腫及肌肉酸痛。解熱、收斂、止痛、滋潤保濕、刺激神經系統、增強血液循環、緊實皮膚、改善頭皮屑。 其他功效：抗風濕及關節肌肉疼痛、支氣管發炎、氣喘、感冒；頭痛、精神疲勞、緊張、壓力過大；失眠、提神、醒腦、恢復中樞神經活力、增強記憶力，解酒、利尿、減肥瘦身（水腫性肥胖）、調理胃腸、心臟、肺、肝、膽、更年期症狀；可疏解經痛、可降血壓、調理貧血，是天然的空氣芳香驅蟲劑。
尤加利	青春痘、粉刺之肌膚 注意事項：高血壓與癲癇患者避免使用。	美容功效：收斂皮膚，促進傷口癒合，強效殺菌、消炎、補充肌膚氧氣、止癢、去頭皮屑；對泡疹及各種皮膚發炎、潰瘍、膿腫療效顯著。 其他功效：解除壓力、提神、改善偏頭痛、舒解流行性感冒、治療咳嗽、鼻竇炎、肺結核、止氣喘、鼻子過敏、支氣管、黏膜及喉嚨發炎，對傷口可預防細菌感染及蓄膿現象並可驅蟲、抗病菌及各種發燒、可降體溫、改善猩紅熱、痢疾、傷寒、白喉、水痘、對生殖系統有幫助，如腎臟炎、淋病、糖尿病、腹瀉、肌肉、骨骼、關節疼痛、風濕症、痛風、驅蟲、防止脹氣。

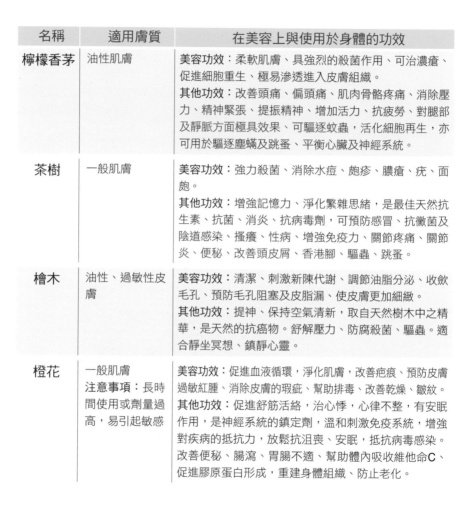

名稱	適用膚質	在美容上與使用於身體的功效
檸檬香茅	油性肌膚	**美容功效**：柔軟肌膚、具強烈的殺菌作用、可治濃瘡、促進細胞重生、極易滲透進入皮膚組織。 **其他功效**：改善頭痛、偏頭痛、肌肉骨骼疼痛、消除壓力、精神緊張、提振精神、增加活力、抗疲勞、對腿部及靜脈方面極具效果、可驅逐蚊蟲，活化細胞再生，亦可用於驅逐塵蟎及跳蚤、平衡心臟及神經系統。
茶樹	一般肌膚	**美容功效**：強力殺菌、消除水痘、皰疹、膿瘡、疣、面皰。 **其他功效**：增強記憶力、淨化繁雜思緒，是最佳天然抗生素、抗菌、消炎、抗病毒劑，可預防感冒、抗黴菌及陰道感染、搔癢、性病、增強免疫力、關節疼痛、關節炎、便秘、改善頭皮屑、香港腳、驅蟲、跳蚤。
檜木	油性、過敏性皮膚	**美容功效**：清潔、刺激新陳代謝、調節油脂分泌、收歛毛孔、預防毛孔阻塞及皮脂漏、使皮膚更加細緻。 **其他功效**：提神、保持空氣清新，取自天然樹木中之精華，是天然的抗癌物。舒解壓力、防腐殺菌、驅蟲。適合靜坐冥想、鎮靜心靈。
橙花	一般肌膚 **注意事項**：長時間使用或劑量過高，易引起敏感	**美容功效**：促進血液循環，淨化肌膚，改善疤痕、預防皮膚過敏紅腫、消除皮膚的瑕疵、幫助排毒、改善乾燥、皺紋。 **其他功效**：促進舒筋活絡，治心悸，心律不整，有安眠作用，是神經系統的鎮定劑，溫和刺激免疫系統，增強對疾病的抵抗力，放鬆抗沮喪、安眠，抵抗病毒感染。改善便秘、腸瀉、胃腸不適、幫助體內吸收維他命C、促進膠原蛋白形成，重建身體組織、防止老化。

做好保濕及水份補充再使用精油，效果更佳

使用精油產品時，注意事項如下：

1.檸檬、薰衣草、橙花、佛手柑、葡萄柚等精油請勿在白天使用，或者是在使用後一個半小時到兩個小時之後才可以外出，因柑橘系精油是強感光精油，會引起光敏感。

2.先將皮膚做好保濕以及補充水份之後再使用精油，效果較佳。

3.所有的精油都應經過適當的稀釋之後再使用，但是在痘痘肌膚的改善上，薰衣草、茶樹精油可直接塗抹。

4.調和按摩用的精油，濃度必須小於5%，最安全的範圍在1.5～4.5%之間。

計算方式：（3滴×3種）÷ 20滴基礎油＝0.45

高於濃度5%的精油為治療用精油，1ml≒20滴

5.純精油最快6秒，最慢12秒就會進入微血管。

6.所有精油的共同效果是可以保濕、抗菌。

第四篇

夏日常見肌膚問題

- 「快速美白」暗藏致命危機
- 肌膚出油
- 痘痘、粉刺

夏天對於急欲美白但卻被痘痘、粉刺和出油問題困擾不已的水水們，想必是很難熬的吧？本篇特別針對這些問題多方探討，以免水水們因為徒勞無功而灰心不已，進而使用激進的方式傷害肌膚唷！

一、「快速美白」
暗藏致命危機

看似神奇的美白成分，其實就是重金屬

我們的膚色主要是由「皮膚中黑色素的含量」來決定的，因此黑色素的含量越少，皮膚就會顯得越白皙，也就愈討水水們的歡心。

雖然皮膚中黑色素的含量越高，膚色就會顯得越黑，但從防癌和護膚的角度來說，黑色素的含量越高，患皮膚癌的可能性就越小。因為它能吸收大部分紫外線，保護皮膚免受紫外線和可見光線照射所造成的生物學損害，保護和減輕皮膚由於日光引起的急性或慢性炎症，防止由日光引起的皮膚曬傷、老化和癌變。

但這些對於追求有如「白雪公主」般肌膚的水水們，怎能聽得進去呢？於是巫婆就帶著含有「重金屬毒藥」的蘋果，引誘著這些水水們步向陷阱。

從皮膚醫學的角度來看，如果可以在28天以內就快速達到美白效果的產品，其中可能含有某些較為「激烈」的成分。因為美白去斑的效果必須是緩慢、漸進的，如果有經過幾小時或幾天的「快速美白去斑」法，水水們先別高興得太早，可要小心啦！

皮膚正常代謝的過程，大概是28天為一個周期，若使用溫和正確的保養法，確實需要經歷一點時間，這些方法不致於會傷害皮膚和人體的。但水水們如果使用含重金屬的化妝品，確實可以讓皮膚在短時間內明顯白皙、讓斑斑點點都變淡，甚至於消失；然而，這都是因為其中所含的重金屬成分的作用，通常使用的是鉛、汞等重金屬，一方面能阻止黑色素生成、讓皮膚變白，另一方面，還會使皮膚最表層的角質層剝落，還沒成熟的皮膚便露了出來，所以皮膚看起來是又白又粉嫩，就像是新生嬰兒的肌膚般。

妳想，這對於水水們具有多大的吸引力啊！既然效果這麼好，為何不可以使用呢？

為了讓肌膚長期維持像

「白雪公主」的狀態，當然得長期使用，但這就是毀容的開始！含鉛、汞的保養品，確實可以讓皮膚在很短的時間內變得白皙、柔滑、細嫩，但如果停止使用後，皮膚不但會馬上恢復到以前的狀態，甚至還會比以前更差，所以一旦使用了，就跟吸毒上癮一樣，無法停止。

這些看似神奇的化學成分，其實就是重金屬分子，根本毫無神奇之處，但這些物質可是會讓人受傷嚴重。鉛汞分子具有很強的吸光作用，再加上新生的肌膚非常嬌嫩，不具有保護作用，對陽光根本毫無招架之力，如此一來，皮膚便會產生異常的色素沉澱，刺激的結果使得原來曾長斑的地方，不但會復發，而且顏色會加深，還有可能導致皮膚一層層地脫落，讓肌膚看起來就一直是紅紅的，如果是作用在臉上，當情緒改變時臉容易變得更紅。

而且由於它對皮膚角質層的剝脫作用，皮膚變得異常敏感，太陽一曬馬上就會起紅疹、乾燥、脫皮，所以在夏季皮膚更是見不得光。更可怕的事是：這些成份不僅會對皮膚產生危害，皮膚長期吸收後，會沉積在人體內造成慢性中毒，嚴重者可導致人體骨骼、牙齒、肝腎功能以及神經的損害，後果相當嚴重。

想要成為「白雪公主」的水水們，面對產生功效成因不明的美白法時，可要三思啊！

 水水看這邊

如何避免使用到含鉛、汞的美白產品

　　1.味道：含有鉛、汞的保養品為了掩飾化學氣味，通常都會加入很多的香精，香到不行。

　　2.講求速效：一直強調效果短時間內即可看出來。

　　3.來路不明：通常透過無店面的直接銷售，或是在夜市、菜市場等較無規範的地方來銷售。

二、肌膚出油

當毛孔不暢通時，看起來就會「粒粒分明」

夏天天氣熱，狗狗吐著舌頭拚命喘氣，跨出冷氣房的水水們，看著臉上的毛孔，好像也都熱得全「打開了」，天啊！

毛孔的大小，除了先天遺傳以外，和後天的「粉刺」有著極大的關連，因為已經被粉刺撐大的毛孔，是很難用任何外力加以縮小的，只能夠從根本的毛囊調理慢慢改善。

皮脂腺依附在毛囊旁，所以分泌的皮脂會從毛孔裡跑出來，夏天的泌油量多，當然從毛孔跑出來的油就會變多，毛孔也就跟著大了起來；而且當毛孔不暢通時，毛孔看起來就會「粒粒分明」，如果我們可以從根本移除阻塞，加上鎮靜收斂，縮小毛孔就不再是不可能的任務了。

收斂型產品以降低肌膚表面溫度來達到縮小毛孔的效果

以下各點有助縮小毛孔：

1.減少出油：先從油脂增加的量控制起，讓情況不再繼續惡化。飲食要遠離刺激性、過油的製品，不要長時間待在密不透風的空間裡，這

些都能有效減少皮膚的出油情況喔！

2.**移去粉刺**：對已經存在的粉刺，先試著軟化，再用指壓、按摩的方式，加速皮膚代謝的作用，儘量不要用擠壓或拔除的方式，除了會讓毛孔變得愈來愈大之外，也容易造成發炎和留下疤痕。

3.**加速更新**：適當的去角質，除了讓表皮較為細緻外，由於去除老舊角質層，也可以防止毛孔的阻塞。

4.**收斂毛孔**：毛孔有一個很重要的生理功能是「調節體溫」，當天氣冷時，毛孔會緊閉，防止水份和溫度的散失；而夏天天氣熱時，毛孔即會張開以利散熱及排汗。所以有許多收斂型的產品即是運用這種原理，藉由降低肌膚表面溫度（冰敷的效果亦同），來達到縮小毛孔的效果。但是要讓毛孔真正縮小，需要非常長期的使用，再搭配正確的保養清除粉刺，才能完全杜絕毛孔粗大的危機。

洗臉後用冰毛巾冰鎮一下，有助收縮毛孔

對於有狀況的肌膚要好好對待，方法如下：

1.**洗臉**：停止用過熱的水洗臉，因為熱能促使毛孔張開，日積月累毛孔就會慢慢變大。洗臉使用仿體溫的水最佳，在洗臉後若可以用冰毛巾冰鎮一下，效果更好唷！

2.**勿壓粉刺**：如果妳不是專業人員，不要使用青春棒壓擠，這樣雖然可以「逞一時之快」將粉刺清除，但也同時會撐開毛孔。

3.**卸妝**：清潔要徹底，但也不可以過度使用鹼性強的產品，這是治

標不治本的作法。

4.保養：可用帶有收斂成份的化妝水或是精華液，一星期敷個幾次臉當做「深層清潔」，都會有很好的效果。

5.代謝：用一些濃度較弱、較溫和的果酸，加速表皮的代謝，不但可以讓皮膚透亮，又可幫助移除多餘的角質及皮脂。但這項療程最好由專業人員操作，自己動手時只要去個角質就可以啦！

長期以收斂劑或粉劑縮小毛孔，易得反效果

有部份縮小毛孔的產品，用的成份不外乎是一些收斂劑還有粉劑，如氧化鋅，讓我們用了以後，出現緊緻和毛孔好像不見了的假象，其實只是這些很微小的粉粒子填平了毛孔，你臉上的毛孔沒有突然不見啦！這樣做就像是擦粉蓋住了毛孔而已，不但皮脂排不出去，長期下來的堵塞累積，有可能讓毛孔不縮反而更大喔！

三、痘痘、粉刺

皮脂腺不通暢、毛囊開口阻塞，因而形成粉刺

　　由於「粉刺為青春痘之母」，所以擁有草莓鼻的水水們，要特別注意，避免因為感染而致使草莓園一下子都變成熟，而成了痘花滿臉啦！

　　那麼粉刺又是怎麼來的呢？能不能處理、根治？

　　全身每單位面積的皮脂腺，密度最高的是在臉上的T字區，皮脂腺的分泌受溫度和雄性激素的影響，皮膚的溫度只要高一點點，皮脂分泌就跟著增加一些。激素的變動也是影響皮脂分泌的主因，包括男性的雄性激素、女性的黃體素、壓力所產生的腎上腺素等，都會讓

皮脂跟著「汨汨流」。

　　水水們由於年輕，皮脂腺分泌旺盛，若是角質代謝異常時，皮脂腺不通暢，油脂、污垢、老化的角質會阻塞住毛囊的開口，因而形成塊狀堆積，就是水水們欲除之而後快的「粉刺」了。

　　粉刺是長成青春痘前的一個過程，粉刺形成後若再經細菌感染，就會變成青春痘。當你擠出粉刺的時候，若沒有良好的「後處理」，斬草不除根，另一新生粉刺就會在原處開始生長、循環不停。

清潔不徹底、熬夜、壓力等原因易形成粉刺

　　粉刺形成的原因有以下幾點：

1.**皮脂腺分泌旺盛**：肌膚濕黏，容易沾染灰塵與不潔物質。

2.**清潔不徹底**：卸妝、清潔不當導致毛囊阻塞。

3.**遺傳**：跟遺傳基因有關。

4.**熬夜**：體內的內分泌與交感神經系統得不到休息，影響皮脂腺分泌異常。

5.**氣候**：濕與熱促使皮脂腺分泌增加。

6.**其他**：包括使用避孕藥、過敏、緊張及吃過多油炸、刺激性、沒有營養的垃圾食物。

而常見的粉刺類型包括：

1.黑頭粉刺：是指面皰的尖頭露出皮膚表層，氧化和吸附髒污而變黑，若是經過擠壓，跑出來的粉刺是黃白色的。

2.白頭粉刺：是毛孔被變厚的角質塞住，面皰被包裹在裡面出不來，不會有開口型粉刺形成的黑頭，所以稱為白頭粉刺，亦稱為閉口式粉刺。

適度的去角質，可使毛孔保持暢通

處在涼爽舒適又通風的環境，是盛夏控油的要件之一，也能讓水水們保持愉快的心情，除此之外，還要注意：

1.溫和的洗面乳：其實任何膚質都該使用溫和的洗面乳，勿為了完全去油而使用含有刺激成份、殺菌劑、肥皂或洗淨力太強的洗面劑。氨基酸類的洗面乳，洗淨力溫和，洗完後呈弱酸性，是值得推薦的清潔用品。但如何知道是否過度潔膚呢？只要是在洗完臉後，還沒塗抹保養品的素顏，清爽滑潤沒有緊繃感覺，但也沒有洗不乾淨的黏膩，就是適度的洗臉。

2.**去角質**：適度的去角質，可以將毛囊內的滯留皮脂與粗糙的老舊角質去除，使毛孔保持暢通。

3.**除油及控油**：黏土類型的面膜有吸附油脂的效果，使用後有乾燥清爽的膚觸，但要記得補充水份。

4.**柔珠除黑頭**：鼻頭上的黑頭粉刺可以在洗完臉後，用手指沾些去角質柔珠在鼻頭兩側輕輕摩擦，再用清水沖洗乾淨，黑頭粉刺就會清除，毛細孔也會變小。

5.**充足的睡眠**：這可讓皮膚增加對外來刺激的抵抗力，也可以讓火氣不上升、臉色光亮。

6.**勿任意擠壓**：不要任意擠壓或是自行使用戰痘貼布或粉刺貼布等藥性商品，最好請醫師來治療。

7.**飲食攝取均衡**：重視蔬菜、水果的份量，減少食用高糖、高油、辛辣等刺激的食物，多喝水。

8.**無痕**：避免留下疤痕是青春痘防治的最高準則，不要自己亂擠，最好透過專業治療，再加上作息正常，是避免產生疤痕的重要原則。

9.**知己知彼：**能夠了解面皰粉刺生成的原因，像是清潔不當或是作息不正常等，並將這些因素去除，就能減少油脂的分泌和保持毛孔的暢通，避免粉刺的生成。

長痘痘期間如果沒有注意防曬，較容易留下痘疤

有些水水的臉上長了痘子，什麼都不敢抹，尤其是任何含有油脂的保養品都離得愈遠愈好，防曬霜自然也就被擱在一旁，其實紫外線是造成痘痘惡化的因素之一，積極的防曬也是改善痘痘的訣竅喔！長痘痘期間如果沒有注意防曬，較容易留下痘疤，到時水水們可又要花一番功夫去疤了。

水水們可以透過產品的選用，來防止防曬品過於油膩的問題。一般而言，係數愈高愈油膩；化學性防曬比物理性防曬油膩。但市面上有專門為這類型肌膚設計的防曬霜，有痘痘困擾的水水們，可以試用比較後再決定。

第五篇

由內而外，自然白

- 飲食
- 生活習慣

一、飲食

　　夏天的飲食保養，最重要的是「美白、清涼消暑」，若是吃得對，皮膚依舊白皙亮麗；若是吃錯了，黑斑、痘痘外加無名火，讓妳經常「火冒三丈」，不能清心過日，導致痘痘總是春風吹又生……

純天然防曬食品，既環保又健康

化學的東西不管怎麼接近天然，總是對身體及肌膚可能有害，要摒除這些傷害，最好將你的防曬品換成純天然的，從身體內部開始建立一個「防曬網」，既環保又健康。

1.**番茄**：這是最好的防曬護膚食物。番茄富含抗氧化劑番茄紅素，據研究，每天攝入適量的茄紅素，可將曬傷的危險系數有效下降。論效果，煮熟的番茄比生番茄效果更好，另外 β-胡蘿蔔素亦能有效阻擋紫外線。

2.**西瓜**：西瓜的含水量高，適合夏季補充人體水分的損失。但吃西瓜不同於喝水或飲料，它對人體不僅僅是水分的補充，還有多種具有皮膚生理活性的氨基酸。這些成分易被皮膚吸收，對臉部皮膚的滋潤、營養、防曬、美白效果好，消暑降火的功效也是一級棒。

3.**檸檬**：含有豐富維生素C的檸檬，能夠促進新陳代謝、延緩衰老現象、美白淡斑、收縮毛孔、軟化角質層、使皮膚有光澤，是大家熟知的美白聖品。

4.**堅果類**：堅果中含有的不飽和脂肪酸對皮膚很有好處，能夠從內而外地軟化皮膚，防止皺紋，同時保

濕。由於空調、風吹都會消耗皮膚中的水分，如果能由體內補充，效果更持續，但需長期且持續食用才能看到效果唷。

另外，早上起床後，可以空腹喝杯溫開水，如在水中加片檸檬，則可幫助肌膚美白；晚上睡前30分鐘也請喝一小杯水，讓細胞充分吸收，可有效防止皺紋生成。也可以多吃些黃瓜、草莓、橘子等，因為它們含有大量的維他命C，能有效幫助黑色素還原，協助美白，增進免疫力。

用寒涼食品退「火」，小心傷身

水水們常聽到「火氣大」、「上火」等說法，只要冒了痘痘或是懷疑自己上了火，就趕緊灌一些椰子水、蘆薈、青草茶等較為寒涼的飲料，但這樣做對嗎？火是什麼火？滅得了嗎？

老祖宗早就發現，嘴巴破、睡不好、心神不寧是由於人體能量代謝增加、心功能上升、水分吸收增加、中樞神經亢奮等因素引起，進而出現了發炎、凝血功能減弱等反應，或是免疫功能啟動所造成的紅、腫、熱、痛，在中醫就是視為「火」的表現，而紅紅的蘋果臉、眼白泛血絲的「火眼金睛」、血壓升高、焦躁等，也是火氣上升的表現，由於

上火時，身體對水分的需求量增加，所以也常導致口乾舌燥、排便乾燥、小便少等症狀。

其實，火氣大有時只是暫時的現象，只要補充水份後就會緩解，但有些是因為健康的問題而導致火氣上升，這時就要找醫生治療，不能冒然一直服用各種寒涼的食品來退火，以免無形中傷害了身體。而常見上火的原因包括：

1.**睡眠**：品質不佳、熬夜、失眠。

2.**心理**：疲勞過度、心情鬱悶。

3.**飲食習慣**：刺激性食品，如麻辣鍋、咖啡、糖、花生、燒烤、油炸的食物、零食、咖哩、沙茶醬、薑母鴨、麻油雞、甜食、糕餅、漢堡、薯條、巧克力、瓜子、開心果等，或是抽菸、喝酒，加上蔬果及水份攝取不足，都是上火的幫凶。

4.**體質**：遺傳而來，需要長期調理；另外女性更年期臉部易出現潮紅、出汗、發熱等，皆

屬虛火症狀。

　　5.**排便**：便秘。

　　6.**壓力**：壓力大、焦慮。皮膚在人體處於壓力的狀態下，容易出現乾燥、粗糙、皺紋、缺少血色，甚至青春痘狂冒的狀況，這是因為皮膚毛細血管在焦慮情緒的影響下，容易充血、硬化，而且免疫力下降，呈現脆弱疲憊的狀態。

　　7.**急性發炎**：例如感冒、喉嚨發炎。

　　此外，久病也會造成虛火生成，例如心臟病、糖尿病、慢性肝炎、腎炎等；還有，水水們要注意：「補藥也是藥」，人參、四物、八珍、十全大補以及內含肉桂、黃耆、當歸、人參的中藥會上火，可不能自己亂吃唷！

食用易上火的食物，最好搭配退火的飲品

　　水水應該都已知道辛辣刺激、熱性食物是上火的元凶了，所以上火時應遠離麻辣鍋，蔥、薑、蒜等辛香料，或是茴香菜、羊肉、鱔魚等食物；如果還是忍不住嘴饞，最好同時搭配退火的飲品，比如菊花茶、青草茶等，但仍需注意甜度的

控制，太甜會上火，也會造成肥胖，可以用冰糖取代砂糖和果糖，或是以具有甜味的植物取代，如甜菊葉。

1.易上火的水果：可不是所有的水果都是能降火的唷！甜度過高的水果，由於糖分會提供熱量，使火氣上升，會加重發炎反應，如龍眼、荔枝、榴槤等，特別容易引起火氣，水水可要小心食用量。

2.易上火的蔬菜：薑、蔥、蒜、辣椒、小茴香、芫荽、芥菜、韭菜、肉桂、胡椒等，這些加在食物中可以提味的香料都會導致上火，水水在調味時請「高抬貴手」，以免上火。

3.易上火的魚類：白鰱魚、魷魚、扁魚、鱒魚、鯰魚、花鰱魚、帶魚、鱔魚等。

4.其他易上火的食物：羊肉、蝦子、海參、淡菜（貽貝）、蛤蜊等。

而夏季可以放心食用的食物如下：

1.水果：甘寒：西瓜、甜瓜、梨、柚子、香蕉、奇異果、柿子。

甘涼：蘋果、橘子、橙、柑、枇杷。

甘平：金橘、葡萄、鳳梨、橄欖、山楂、甘蔗、楊桃。

2.蔬菜：苦瓜、綠豆芽、冬瓜、黃瓜、絲瓜、番茄、茄子、大白菜、油菜、芹菜、菠菜、莧菜、茭白筍、

蘿蔔、蓮藕、龍鬚菜等。

　　3.魚類：鯉魚、黃魚、海鰻、鮒魚、鯖魚、烏鯉、泥鰍、銀魚、大馬哈魚等。

　　4.其他：河螃蟹、海蜇、干貝、烏賊、田螺、河蚌、鹿角菜、石花菜、海菜、昆布、銀耳、木耳、豆腐、豆漿、綠豆、紅豆等。

夏日清涼花草茶配方

　　夏天的白雪公主們對於水份的需求量大增，除了白開水永遠是最健康的選擇之外，在此向水水們推薦幾款兼具清涼退火、養顏潤膚色、又能窈窕曲線的花草茶配方，讓身處酷熱難耐炎夏之中的水水們，能有比人工飲料更健康美麗的選擇。

　　1.冷泡綠茶：每天睡前將一個綠茶茶包，丟入裝滿600cc冷水的密封杯中（或是寶特瓶的礦泉水亦可，但為環保起見，最好自備杯具），放到冰箱冷藏，隔天上班或上學前將茶包取出，就是一瓶口感甘甜、充滿能抗氧化、富含綠茶多酚的冷泡綠茶，餐後飲用去油解膩，口渴時隨時補充，消暑又美白。如果希望口感更加清涼，可以在沖泡時放入一些新鮮的薄荷葉，乾燥的亦可，而一瓶600cc的水，約加入一錢的量。

2.枸杞菊花茶：菊花和枸杞子都有清熱、明目、抗衰老的功能，最適合頭昏眼花的夏日飲用，對於眼睛容易酸澀的電腦族、正在與青春痘對抗的水水們非常適用。取適量枸杞子先用鹽水洗過，除去可能有的防腐劑或化學色素後，用滾水與菊花沖泡（或是保溫杯悶約十分鐘）即可飲用，想要冷著喝的水水，可以放入幾顆冰塊，再加入適量蜂蜜調味，就變成非常美味的夏日茶飲。

3.山楂決明茶：酸酸的山楂可是減脂茶的重要主角，再加上口感具有麥香和咖啡香的決明子，有降血脂、降膽固醇、幫助消化、明目等功效，是肉感水水必備的美容飲品呢。而一公升茶壺的量，只須準備山楂15g、決明子30g，倒入沸水悶十餘分鐘即可飲用，喜歡甜味的水水們同樣可以加入蜂蜜調味，冷熱飲皆宜喔！

上述是再簡單也不過的夏日茶飲了，不但容易取得、容易操作，價格也很平易近人，口感也不錯，水水們一定要試試。此外，注重生活感受的水水們，也可以購買多款的花草茶材料享受DIY的樂趣，放在透明的玻璃壺中沖泡，不但美味，而且視覺效果令人賞心悅目，但是要提醒水水們，花草茶與精油有相同的注意事項，是一次不超過三種，味道重的不要擺在一起泡，以免產生無法預期的「香氛」喔！

二、生活習慣

> **補充水分、注重睡眠、飲食清淡，可預防火氣上升**

　　人體主要的散熱途徑包括：流汗、呼吸道水分蒸發、排尿。而現代人長時間待在冷氣房，運動少、沒機會排汗，水又喝不夠，體表循環愈來愈差，上火機率大增。因此要預防火氣，必須由改變生活習慣來著手：

　　1.**隨時補充水分**：足夠的飲水可以冷卻身體內的燥熱，促進表皮微循環，流汗時更要多補充；不喜歡水淡而無味的水水們，也可多喝舒緩茶飲，例如薄荷涼茶、枸杞菊花茶、金銀花等花草茶。切記，少喝冷飲。

　　2.**提升睡眠品質**：良好的睡眠品質能使人得到最好的休息，睡不好容易造成身體過度使用，自然上火；而日夜顛倒更是導致火氣大的元凶。

　　3.**飲食清淡**：高熱量食物會提供火氣，上火時宜多吃含水分高的食物，而乾燥易上火的油炸類、餅乾、花生等堅果，應改以蔬菜、清湯等低熱量飲食為主。

　　4.**增加體表散熱**：刮痧可以促進微血管擴張、自然散熱，多流汗可提升體內廢棄物代謝速率，人會比較清爽舒服。

　　5.**薄外套**：夏天出入冷氣房，室內室外溫差過大容易中暑，可加一件薄長袖外衣，保持皮膚恆溫狀態。

臉部刮痧讓你皮膚水亮亮

　　①印堂：方向先刮左邊後刮右邊，約十餘次，力道以不出痧為主（把印堂刮得紅紅的，對於一般相信印堂影響運勢的水水們應該會造成困擾）。

　　②額部：由中間向兩側太陽穴的方向刮，先左額後右額。額頭較寬的水水們，可以將額頭分為上中下三個部份，由靠近髮際線的上額先刮，再循序向下額刮。

　　③眉毛：先左眉後右眉，刮拭的方向是順著眉頭、眉中、眉尾，朝著太陽穴的方向刮，想改善眼部疾病，如眼睛酸痛、乾澀，或是想改善皺紋的水水，都可以加強眉、眼部位的刮拭，若在刮痧的過程中，發現某些穴道較有酸痛感，除了刮痧外，亦可以用手指輕輕做指壓。

　　④眼部：以刮痧板較圓的部位，先刮左眼再刮右眼。方向是由眼頭向眼尾刮拭（眼睛記得要閉上喔！），力道必須要控制好，以免傷了眼球。疲勞的眼睛在刮完後，即可明顯感受到舒適與明亮，而且對於循環不佳產生的黑眼圈及眼袋有不錯的改善效果。

　　⑤頰部：先左頰後右頰，斜上向腮部刮拭。

　　⑥鼻下唇上（人中）：由上往下刮。

　　⑦下巴：由下唇底部朝下刮，也可以像臉頰一樣地橫向刮拭，順手即可。

　　⑧頸部：由下向上，可以緩和喉嚨的壓力、幫助淋巴液的代謝、減少頸紋的形成，更可以讓頭腦更清晰唷！

　　想要透過臉部刮痧來達到美容的目的，必須建立在每日的「持之以恆」，而不在於「暴力出痧」。如果能夠每天塗上凝膠輕輕地刮，刺激臉部皮膚的活化與代謝，問題肌膚就不會找上妳；對於已經形成的痘痘、黑斑與皺紋也有改善的功效唷！

漂亮系列02

夏日我最美——美白秘訣大公開

金塊 文化

作　　者：余秋慧
發 行 人：王志強
總 編 輯：余素珠
美術編輯：JOHN平面設計工作室

出 版 社：金塊文化事業有限公司
地　　址：台北縣新莊市立信三街35巷2號12樓
電　　話：02-2276-8940
傳　　真：02-2276-3425
E - m a i l：nuggetsculture@yahoo.com.tw

劃撥帳號：50138199
戶　　名：金塊文化事業有限公司

總 經 銷：商流文化事業有限公司
電　　話：02-2228-8841
印　　刷：群鋒印刷
初版一刷：2010年7月
定　　價：新台幣220元

國家圖書館出版品預行編目資料

夏日我最美：美白秘訣大公開／余秋慧著——
初版. —— 臺北縣新莊市：金塊文化，2010. 07
面；公分. ——（漂亮系列：2）
ISBN 978-986-85988-5-0（平裝）
1.皮膚美容學

425.3　　　　　　　　　　　99011238